知識ゼロからきちんと学べる！

Illustrator
しっかり入門

増補改訂 第3版

Mac & Windows 対応

高野雅弘 著

SB Creative

本書の対応バージョン

Illustrator 2025

本書記載の情報は、2025年1月31日現在の最新版である「Illustrator CC 2025」の内容を元にして制作しています。パネルやメニューの項目名や配置位置などはIllustratorのバージョンによって若干異なる場合があります。

サンプルファイルのダウンロード

本書で解説しているサンプルのデータは、以下の本書サポートページからダウンロードできます。

（サポートページ） http://isbn2.sbcr.jp/24286/

本書に関するお問い合わせ

この度は小社書籍をご購入いただき誠にありがとうございます。小社では本書の内容に関するご質問を受け付けております。本書を読み進めていただく中でご不明な箇所がありましたらお問い合わせください。なお、お問い合わせに関しましては下記のガイドラインを設けております。恐れ入りますが、ご質問の際は最初に下記ガイドラインをご確認ください。

ご質問の際の注意点

・ご質問はメール、または郵便など、必ず文書にてお願いいたします。お電話では承っておりません。
・ご質問は本書の記述に関することのみとさせていただいております。従いまして、○○ページの○○行目というように記述箇所をはっきりお書き添えください。記述箇所が明記されていない場合、ご質問を承れないことがございます。
・小社出版物の著作権は著者に帰属いたします。従いまして、ご質問に関する回答も基本的に著者に確認の上回答いたしております。これに伴い返信は数日ないしそれ以上かかる場合がございます。あらかじめご了承ください。

ご質問送付先

ご質問については下記のいずれかの方法をご利用ください。

Webページより

上記のサポートページ内にある「ご意見・ご感想」をクリックすると、メールフォームが開きます。要綱に従って質問内容を記入の上、送信ボタンを押してください。

郵送

郵送の場合は下記までお願いいたします。

〒105-0001
東京都港区虎ノ門2-2-1
SBクリエイティブ　読者サポート係

■本書内に記載されている会社名、商品名、製品名などは一般に各社の登録商標または商標です。本書中では®、™マークは明記しておりません。
■本書の出版にあたっては正確な記述に努めましたが、本書の内容に基づく運用結果について、著者およびSBクリエイティブ株式会社は一切の責任を負いかねますのでご了承ください。

©2025 Masahiro TAKANO　本書の内容は著作権法上の保護を受けています。著作権者・出版権者の文書による許諾を得ずに、本書の一部または全部を無断で複写・複製・転載することは禁じられております。

はじめに

Illustratorは難しいソフトウェアではありません。
すべての人が必ず自由自在に使いこなせるようになります。
そのことを本書でお伝えできればと願っています。
それでは楽しいデザインの授業、開講です！

　本書の対象読者は、これからはじめてAdobe Illustrator（アドビ社のグラフィック制作ソフト）を操作して、デザインを制作する人です。デザイン会社に勤めている方々だけでなく、なかにはデザイン系の学生の人もいるかもしれませんし、広報部や宣伝部の人もいるかもしれません。そのような幅広い読者のみなさんに読んでいただけるよう、専門用語などは極力使わず、丁寧に解説しています。

　Illustratorはイラストの制作や印刷物のデザイン、Webグラフィックの作成などを行うソフトウェアです。Illustratorを使用すれば、みなさんがイメージする、あらゆるグラフィックを制作できます。数学的な法則性のある幾何学模様から、筆を使ってフリーハンドで書いたようなグラフィックまで、Illustratorの表現の幅は、みなさん次第でいくらでも広がっていきます。

　しかし、その一方で、機能が多く、多岐にわたるため、いきなり操作をはじめてもなかなか思うようにグラフィックを制作できないかもしれません。本書では、こういった問題を踏まえ、Illustratorの使い方を、基礎の基礎、基本中の基本から1つずつ丁寧に解説しています。ぜひ第1章から順を追って読み進めてください。一朝一夕では高度なグラフィックを描けるようにはなれませんが、日を追うごとに実力が身についていくことが体感できると思います。ぜひ実際に手を動かしながら読み進めてください。

　もう1つ、本書では書籍の内容を実践できるよう、ダウンロードデータを用意しています。ダウンロードデータには、画像、グラフィック、各設定値が含まれています。ダウンロードデータを活用することで、解説文だけでは理解しにくかった機能を習得できるようになりますし、実際に手を動かすことで、一歩先のデザインを行うきっかけになることもあります。ぜひ活用してみてください。

　みなさんが新しいグラフィックを制作する過程のなかで、本書がその一助になったのであれば、この上なく幸せです。

高野 雅弘

　　　　　　　　　はじめに　　　　　　　　　　　　　　　　　　　　　　　　　3

Lesson 1　Illustratorの基礎知識
　　　　　　5分で学ぶIllustratorの概要と基本　　　　　　　　　　　　　　　9

　　1-1　　Illustratorとは　　　　　　　　　　　　　　　　　　　　　　　10
　　1-2　　ツールバーの基本操作　　　　　　　　　　　　　　　　　　　　14
　　1-3　　パネル／パネルドックの基本操作　　　　　　　　　　　　　　　18
　　1-4　　Illustratorで利用できるファイル形式　　　　　　　　　　　　　26
　　COLUMN　本書でのワークスペースの扱い　　　　　　　　　　　　　　　27
　　COLUMN　本書でのオブジェクトの表示の扱い　　　　　　　　　　　　　28

Lesson 2　はじめてのIllustrator
　　　　　　最初に知っておくべき基本の操作　　　　　　　　　　　　　　29

　　2-1　　新規ドキュメントを作成する　　　　　　　　　　　　　　　　　30
　　2-2　　ファイルを保存する　　　　　　　　　　　　　　　　　　　　　32
　　COLUMN　Illustratorの設定を初期化する　　　　　　　　　　　　　　　35
　　2-3　　表示倍率の変更　　　　　　　　　　　　　　　　　　　　　　　36
　　COLUMN　GPUパフォーマンス機能　　　　　　　　　　　　　　　　　37
　　2-4　　表示範囲の変更　　　　　　　　　　　　　　　　　　　　　　　38
　　2-5　　ワークスペースの操作　　　　　　　　　　　　　　　　　　　　40
　　2-6　　インターフェイスの色を変更する　　　　　　　　　　　　　　　42
　　2-7　　スマートガイドを理解する　　　　　　　　　　　　　　　　　　43
　　2-8　　定規とガイド・グリッドを使いこなす　　　　　　　　　　　　　44
　　2-9　　印刷機能をマスターする　　　　　　　　　　　　　　　　　　　46
　　2-10　 オブジェクトの選択・消去・移動　　　　　　　　　　　　　　　48
　　2-11　 操作の取り消し・やり直し　　　　　　　　　　　　　　　　　　50

Lesson 3　基本図形の描き方と変形操作
　　　　　　まずは基本図形の描き方から習得しよう！　　　　　　　　　　51

　　3-1　　楕円形や正円を描く　　　　　　　　　　　　　　　　　　　　　52
　　3-2　　正多角形を描く　　　　　　　　　　　　　　　　　　　　　　　54
　　3-3　　長方形と角丸長方形を描く　　　　　　　　　　　　　　　　　　56
　　3-4　　ライブシェイプを理解する　　　　　　　　　　　　　　　　　　57
　　3-5　　ひし形や直角二等辺三角形を描く　　　　　　　　　　　　　　　58
　　3-6　　正確なサイズの図形を描く　　　　　　　　　　　　　　　　　　60
　　3-7　　［変形］パネルを使った変形　　　　　　　　　　　　　　　　　62
　　COLUMN　その他の描画系ツール　　　　　　　　　　　　　　　　　　63
　　3-8　　バウンディングボックスの操作による変形　　　　　　　　　　　64
　　3-9　　拡大・縮小、回転、傾斜、反転変形する　　　　　　　　　　　　66
　　3-10　 ［自由変形］ツールの使い方　　　　　　　　　　　　　　　　　68

3-11	複数のオブジェクトを個別に一括で変形する	70
3-12	リピート機能でオブジェクトを放射状や格子状に配置する	72
3-13	オブジェクトの合成〈[形状モード]セクション〉	74
3-14	パスファインダーで吹き出しを作る	76
3-15	オブジェクトの合成〈[パスファインダー]セクション〉	78
COLUMN	[パスファインダーオプション]の設定	79
3-16	光の三原色の図を作る	80
3-17	桜を描く	82
3-18	ライブコーナーで角の形状を変形する	84

Lesson 4 パスの描画と編集
パスの基本構成とさまざまな編集機能　　**85**

4-1	パスの基本構造を理解しよう	86
4-2	[ペン]ツールの基本操作とベジェ曲線	88
4-3	アンカーポイントの追加・削除	91
4-4	アンカーポイントの基本操作	92
4-5	パスを連結する	94
4-6	[曲線]ツールの使い方	96
4-7	[線]の基本を理解する	98
4-8	破線・点線の正しい作り方	100
4-9	さまざまな矢印を作成する	101
4-10	可変線幅を適用して線に強弱をつける	102
4-11	オブジェクトに複数の線を適用する	104
4-12	[線]を[塗り]のオブジェクトに変換する	105
4-13	リボンの飾りフレームを描く	106
4-14	[生成ベクター]機能でベクターグラフィックを生成する	108
4-15	[鉛筆]ツールでフリーハンドの線を描く	110

Lesson 5 オブジェクトの編集とレイヤーの基本
思い通りのアートワークに仕上げるための必修知識　　**111**

5-1	オブジェクトを整列させる	112
5-2	オブジェクトのグループ化	114
5-3	編集モードでグループオブジェクトを編集する	115
5-4	複数のパスを1つのパスとして扱う	116
5-5	オブジェクトの[重ね順]を理解する	118
5-6	レイヤーの基礎知識	119
5-7	レイヤーの基本操作	120
5-8	オブジェクトを別のレイヤーに移動する	121
5-9	レイヤーの表示/非表示を切り換える	122
5-10	レイヤーをロックして選択・編集できないようにする	123
5-11	レイヤーをアウトライン表示に切り換える	124
5-12	[塗り]や[線]の色が同じオブジェクトを選択する	125
COLUMN	透明部分を分割・統合する	126

Lesson 6 色とグラデーションの設定
オブジェクトにカラーを設定するさまざまな方法と機能　　**127**

6-1	[塗り]と[線]の基本概念を理解する	128
6-2	[カラー]パネルの基本操作	129

6-3	[スウォッチ]パネルの基本操作	130
6-4	グローバルカラースウォッチの利用	132
6-5	調和のとれた色を設定する	133
6-6	オブジェクトの色を白黒化・反転する	134
6-7	[スポイト]ツールを使いこなす	136
6-8	グラデーションの作り方	138
6-9	[グラデーション]ツールでグラデーションの開始点や終了点、角度を調整する	140
6-10	グラデーションメッシュでオブジェクトに複雑なグラデーションを適用する	141
6-11	[オブジェクトを再配色]機能の活用	142

Lesson 7 変形・合成・特殊効果
Illustratorを使いこなすための便利な機能 145

7-1	[透明]パネルを理解する	146
7-2	[不透明マスク]を適用してオブジェクトを徐々に透明にする	147
7-3	描画モードで重なり合うオブジェクトのカラーを合成する	148
7-4	[ブレンド]ツールで複数のオブジェクトの色と形をブレンドする	150
7-5	[リキッド]ツールでオブジェクトを歪ませる	151
7-6	効果を理解する	152
7-7	さまざまな効果の活用	154
7-8	簡単なパターンを作成する	158
7-9	オブジェクトに適用したパターンのみを変形する	160
COLUMN	スウォッチライブラリの利用	161
7-10	登録したパターンスウォッチの編集	162
7-11	[パペットワープ]ツールでオブジェクトを自然な形に変形する	163
7-12	[クロスと重なり]機能で重なり合う部分の重ね順を変更する	164
7-13	[シェイプ形成]ツールでパスオブジェクトを合成する	165
7-14	[グラフ]ツールでグラフを作成する	166
7-15	ブラシを理解する	168
7-16	パターンブラシを作成する	170
7-17	アートブラシを作成する	172

Lesson 8 画像の配置と編集
Illustratorでビットマップ画像を扱うための必須知識 173

8-1	画像を配置する	174
8-2	下絵として画像を配置する	176
8-3	画像を置き換える	177
8-4	リンク画像を埋め込む	178
8-5	リンク配置の元画像を編集・更新する	179
8-6	配置画像の状態を確認する	180
8-7	画像の不要な部分を隠す〈クリッピングマスク〉	182
8-8	写真をモザイク加工する	184
8-9	画像をイラストに変換する	186
8-10	画像を切り抜く	188
8-11	[モックアップ]機能で画像にアートワークを合成する	189
COLUMN	オンラインヘルプの活用	190

Lesson 9　文字操作と段落設定
各種パネルの基本操作から応用テクニックまで　　191

- 9-1　[文字] パネルを理解する　192
- 9-2　文字を入力する　194
- 9-3　文字を編集する　198
- 9-4　フォントとフォントサイズを変更する　199
- 9-5　文字の行間を調整する　200
- 9-6　文字の間隔を調整する　201
- 9-7　[段落] パネルを理解する　202
- 9-8　1つのテキストエリアに段組みを設定する　204
- 9-9　複数のテキストエリアをつなげるスレッドテキスト　205
- 9-10　テキストの回り込みを設定する　206
- 9-11　縦組みと横組みを切り替える　207
- 9-12　さまざまな特殊文字を入力する　208
- 9-13　ドキュメント内の文字の検索・置換　210
- 9-14　ドキュメント内のフォントの検索・置換　211
- 9-15　文字をパスに変換する　212
- 9-16　グラフィックスタイルで文字を装飾する　213
- 9-17　合成フォントを作成する　214
- 9-18　[文字タッチ] ツールで文字を自由に変形する　215
- 9-19　制御文字を表示する　216

Lesson 10　総合演習
手を動かして学ぶ、実践的なデザイン制作の実習　　217

- 10-1　ペンローズの三角形を描く　218
- 10-2　抽象的な曲線のバックグラウンドイメージをつくる　220
- 10-3　ヴィンテージ風のラベルをつくる　222
- 10-4　レトロな文字をつくる　226

Lesson 11　環境設定とデータ出力
操作性や作業効率を向上させる環境設定とファイルの書き出し　　231

- 11-1　アートボードのサイズや設定を変更する　232
- 11-2　複数のアートボードの名前や順番、レイアウトを編集する　234
- 11-3　PDF形式のファイルを作成する　235
- 11-4　アートワークをPNG形式やJPG形式で書き出す　236
- 11-5　Photoshop形式 (psd) でファイルを書き出す　238
- 11-6　Web用の形式でファイルを書き出す　239
- 11-7　下位バージョン用に保存する　240
- COLUMN　他者が制作したデータを扱う　241
- 11-8　ドキュメントのカラーモードを変更する　242
- 11-9　カラー設定とカラーマネジメント　243
- 11-10　環境設定の基礎知識　244
- 11-11　パッケージ機能でファイルを収集する　247
- 11-12　ショートカットの活用　248

索引　251

Lesson 1
Basic Knowledge of Illustrator.

Illustratorの基礎知識

5分で学ぶIllustratorの概要と基本

本章では、グラフィックデザインソフト「Illustrator」の画面構成や概要を簡単に紹介します。Illustratorを触ったことがない人や、グラフィックデザインの基本を押さえておきたい人はぜひ読み進めてください。

Lesson 1-1 Illustratorとは

Sample_Data / 1-1/

最初にIllustratorの概要や特徴、利用場面などを簡単に紹介します。具体的な使い方などは後ほど解説しますので、ここではIllustratorの特徴をしっかりと把握しましょう。

▶ Illustratorはグラフィックデザインソフト

Illustrator（イラストレーター）は、アドビ社が開発・提供（サブスクリプション契約）している**グラフィックデザインを行うためのソフトウェア**です。

Illustratorの利用範囲はとても広く、中心となる「イラストの描画」や「グラフィックデザイン」をはじめ、次のような場面で使われています。

- ▶ イラストの描画・編集
- ▶ グラフィックデザイン
- ▶ さまざまな商用印刷物の制作
- ▶ Webデザイン
- ▶ パッケージデザイン
- ▶ DTP
- ▶ CIやロゴ、ピクトグラムなどの制作

Illustratorには、トリムマーク（トンボ）の作成機能や、カラーモードの設定、フォントのアウトライン化といった、商用印刷向けのデータを制作するのに必要な機能がすべて用意されています。そのため、商用印刷に関連するさまざまな制作現場で広く利用されています。

また、シンボルマークやピクトグラム、企業のCI、ロゴマーク、ロゴタイプは、単純な図形（円や長方形など）や幾何学模様、滑らかな曲線などの組み合わせによって構成されていますが、これらの描画もIllustratorの得意とするところです。

▶ 幅広い利用範囲

Illustratorでは、いろいろな項目をかなり細かく設定できます。そのため、自分で印刷して使うような簡単なチラシから、飛行機の機体に貼るような大型ラッピング広告、精度が求められる精緻なグラフィックに至るまで、あらゆる種類、規模、品質のグラフィックを制作できます。この点も、Illustratorが広く利用されている理由の1つです。

Illustratorはアドビ社が開発・提供（サブスクリプション契約）しているグラフィックデザインソフトです。「ドロー系のソフトウェア」といわれることもあります。

Illustratorには、商用印刷物のデータを作成するのに必要となる、あらゆる機能が用意されています。上図ではグラフィックの周りに、印刷物の断裁位置を示す「トリムマーク（トンボ）」を追加しています。

Illustratorを利用すれば、一見すると描くのが大変そうなグラフィックも、簡単な操作の組み合わせですぐに描画できます。

プロだけのものではない

Illustratorは、従来はデザイナーやイラストレーター、アートディレクターといった、プロフェッショナルの方々が主に使用していましたが、最近は、これらの方々に加えて、エンジニアや学生、一般のビジネスパーソンも使用しています。

例えば、Illustratorには多機能なグラフ作成機能が用意されています。作成したグラフを加工すれば、グラフィカルで訴求力のある、わかりやすいグラフやチャートを作成できます。PNG形式やJPEG形式の画像として書き出せば、マイクロソフト社のPowerPointやExcelといった、他のビジネスソフトへ貼り付けることもできます。

Illustratorは、言わば「**白紙のキャンバス上に絵を描くソフトウェア**」です。そのため、アイデア次第、使い方次第で、あらゆる場面に活用できる、汎用性の高いソフトウェアといえます。

円や長方形といった単純な図形を組み合わせることで、さまざまなシンボルマークやピクトグラムを制作できます。

Illustratorのグラフ機能で作成したグラフは、フォントや配色などを細かく調整できるので、目的にあったグラフやチャートを作成できます。

直感的なドラッグ操作と細やかな数値指定

Illustratorで描かれた優れたグラフィックを見ると、とても素人では描けないと思うこともあるかもしれません。しかし、実際はそのようなことはありません。実は、Illustratorでは「**パーツごとに描画し、描画したパーツを重ねて組み合わせる**」ことで、イラストやアートワークを作成することが多いです。ぜひ、このことを覚えておいてください。詳しくは後述しますが、ゼロから絵を描くようにグラフィックを完成させるのではなく、「**どのようなパーツを組み合わせれば良いか**」という視点が、Illustratorを使いこなすうえでは必要です。

また、Illustratorでは、イラストの描画や変形、配置、着色などの操作を行う方法として、次の2つの方法があります。

- ドラッグ操作で直感的に操作する方法
- 数値指定によって正確に操作する方法

どちらの方法が適しているかは、作業内容やグラフィックの目的によって異なるので一概にはいえませんが、これはIllustratorの大きな特徴の1つなので、覚えておいてください。具体的な操作方法は後ほど詳しく紹介します。

Illustratorでは、パーツごとに描画し、描画したパーツを重ねて組み合わせることで、イラストやアートワークを作成します。

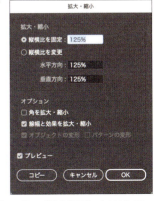

グラフィックの描画・変形操作は、ドラッグ操作（左図）、またはダイアログを用いた数値設定（右図）で行えます。状況に応じて臨機応変に対応できるように、どちらの操作方法も習得してください。

🖼 ベクター画像とビットマップ画像

Illustratorで直接操作できるのは「**デジタル画像**」です。手書きのイラストであってもIllustratorに取り込んだ時点で、その画像はデジタル化されます。

デジタル画像とは、二進法（0と1）で表される2次元（平面）の画像です。画像全体が数値で表されているため、容易かつ正確に、画像を複製したり、加工したりできます。

デジタル画像は大きく、ベクター画像（ベクトル画像）とビットマップ画像（ラスター画像）の2種類に分類できます。これらのうち、**Illustratorの処理対象は主にベクター画像**です（ビットマップ画像も一部扱えます）。

🖼 ベクター画像

ベクター画像は、点（アンカーポイント）と線（パスセグメント）で構成される「**パス**」で表現される画像です。

ベクター画像にはピクセルという概念はなく、**表示するたびに座標値を計算し直して描画**します。そのため、画像を拡大・縮小しても画像は劣化しません。また、大きく拡大してもエッジの滑らかさが保たれます。

半面、ベクター画像では写真のような複雑なカラー階調や繊細なグラデーションは表現できません。ベクター画像は主に、いろいろなサイズで使用されるロゴや図版などで使われています。

ベクター画像の主なファイル形式には「ai」「svg」「eps」「emf」「wmf」などがあります。

🖼 ビットマップ画像とは

ビットマップ画像とは、格子状に配置された無数の**ピクセル**（画素）で構成される画像です。1つのピクセルは1つの色のみを表します。**画像を拡大すると1つ1つのピクセルを確認できます**。

ビットマップ画像では、色の濃淡やカラー階調の微妙なグラデーションを効率的に表現できるため、デジタルカメラで撮影した写真や、スキャナで取り込んだイラストなど、さまざまな分野でビットマップ画像が利用されています。Illustratorと同じ開発元であるAdobe社の画像編集ソフト「Photoshop」の処理対象は、基本的にはビットマップ画像です。

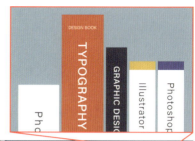

ベクター画像の例。ベクター画像は、画像をパスで表現しており、表示が変わるたびに線や色を再計算して描画するため、図の形状を変更したり、大きく拡大しても滑らかな状態を保つことができます。

ビットマップ画像の例。ビットマップ画像は、無数のピクセルの集合によって画像を表現しています。そのため、きれいに見える写真であってもその一部を拡大すると上図のように1つ1つのピクセルを確認できます。

> **Memo**
> ビットマップ画像の主なファイル形式に「jpg」「png」「tiff」「gif」「psd」などがあります。

Illustratorのワークスペース

Illustratorの具体的な使い方を解説する前に、Illustratorのワークスペースの構成要素を紹介します。ここでは各部の名称を覚えておいてください。次項以降の解説ではこれらの名称を用いて解説を行います。Illustratorのワークスペースは大きく分けると次表の各項目で構成されています。

● Illustratorのワークスペースの構成要素

名　称	概　要
メニューバー	ファイルの新規作成や保存といった基本操作や、ドキュメントウィンドウ上のアートワークに対する、さまざまな処理項目が含まれている。
ツールバー	Illustratorに用意されているさまざまなツール（道具）が格納されている（● p.14）。
パネル（パネルドック）	制作したアートワークを加工・編集・管理するための、さまざまな機能がまとめられたもの。関連性の高い機能が1つのパネルにまとめられている（● p.18）。パネルは表示・非表示を切り替えられるだけでなく、アイコン化（パネルドックに格納）することも可能。
ドキュメントウィンドウ	制作中のアートワークが表示されるエリア。複数のドキュメントを開いている場合は、ウィンドウ上部にある「ドキュメントタブ」で切り替えられる。また、1つのドキュメントウィンドウ上には、複数のアートボードを設定できる。
ステータスバー	ドキュメントウィンドウの表示倍率やアクティブなアートボードを確認できる。
アートボード	アートワークを制作・配置するエリア。プリントやデータ書き出しなど、出力の範囲になる。また、アートボードの外側の領域をキャンバスと呼ぶ。

ここも知っておこう！　▶ Illustratorは難しくない！

Illustratorはとても高機能なソフトウェアであるため、はじめてIllustratorの画面を見る人は「難しそう」と感じるかもしれません。でも安心してください。実際に操作してみると、操作方法はシンプルであり、また洗練されているため、基本的な操作方法を習得すれば、すぐ利用できるようになります。はじめのうちは「操作の勘どころ」がわからないために、思い通りに操作できないこともあると思いますが、本書を読み進めながら少しずつ使い続けていけばすぐに慣れると思います。

Lesson 1-2 ツールバーの基本操作

Illustratorで行う作業の多くは、「ツールバー」が起点になります。そのため最初に基本的な操作方法を習得しておくことが大切です。

🔲 ツールの種類

Illustratorには**約90種類**のツール（道具）が用意されています。90種類と聞くと、とても多いように感じる人もいると思いますが、中には使い方が似たツールもたくさんありますし、滅多に使用しないものもあるため、覚えることはそれほど多くありません。

初期設定では、使用頻度の高いツールのみが表示された [基本] 表示になっていますが、本書では [詳細] 表示に切り替えて解説を行います。

ツールバーの切り替えは、メニューから [ウィンドウ] → [ツールバー] → [詳細] を選択します。

🔲 ツールバーの構成

ツールバーは「**ツールの役割**」によって、6つのエリアに分類できます。まずはこの大分類を把握しておいてください。

❶ 選択系のツール
❷ 描画・ペイント・文字系のツール
❸ 拡大・縮小・回転などの変形系のツール
❹ グラデーション系・計測系のツール
❺ シンボル・グラフ系のツール
❻ 画面表示系のツール

さらに、ツールアイコンの右下に ◢ のマークがついているものに関しては❼、そのアイコンを**長押し**することで、同一グループの他のツールを表示して切り替えることができます。また、ツールアイコンを option （ Alt ）キー＋クリックすると、隠れているツールが上から順番に切り替わります。

🔲 ツールバーの表示切り替え

ツールバーの最上部にある ▶▶ ボタンをクリックすると、パネル表示を一列から二列に切り替えることができます❽。同様に ◀◀ ボタンをクリックすると、二列から一列に切り替えられます。

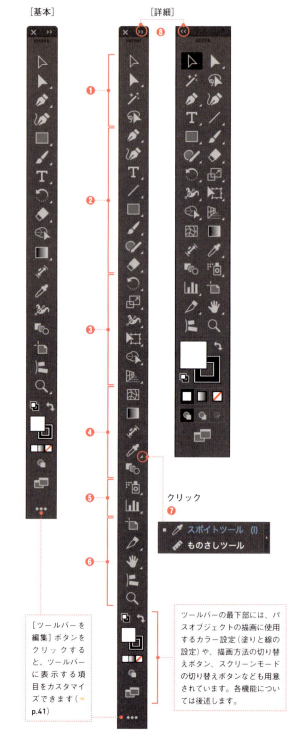

[基本]　　　　[詳細]

[ツールバーを編集] ボタンをクリックすると、ツールバーに表示する項目をカスタマイズできます（→p.41）

クリック
❼

ツールバーの最下部には、パスオブジェクトの描画に使用するカラー設定（塗りと線の設定）や、描画方法の切り替えボタン、スクリーンモードの切り替えボタンなども用意されています。各機能については後述します。

ツール一覧

ここではIllustratorに用意されているツールの概要を簡単に紹介します。ただし、この時点ですべての名称や機能を覚える必要はありません。現時点では「こんなツールがあるんだ」くらいの感覚でざっくりと目を通していただき、今後、さまざまな作業を行っていくなかで、必要に応じてこのページを読み直してください。

選択系のツール

アイコン	ツール名	概要	ショートカット
1	選択	オブジェクト全体を選択する。	V
2	ダイレクト選択	オブジェクトのアンカーポイントやパスセグメントを選択する。	A
2	グループ選択	グループ内のオブジェクトやグループを選択する。	なし
3	自動選択	共通する属性を持つオブジェクトを選択する。	Y
4	なげなわ	オブジェクトのアンカーポイントやパスセグメントを選択する。	Q

描画・ペイント・文字系のツール

アイコン	ツール名	概要	ショートカット
	ペン	直線や曲線を描いてパスオブジェクトを作成する。	P
	アンカーポイントの追加	パスオブジェクトのセグメント上にアンカーポイントを追加する。	shift + +
5	アンカーポイントの削除	パスオブジェクトからアンカーポイントを削除する。	-
	アンカーポイント	スムーズポイントとコーナーポイントを相互に変換する。また、パスセグメントも変形できる。	shift + C
6	曲線	直感的な操作で、滑らかな曲線を描画できる。タッチデバイスに対応。	shift + `
	文字	ポイント文字を作成する。また、テキストエリアを作成し、テキストを入力および編集する。	T
	エリア内文字	パスをテキストエリアに変換し、そのエリア内にテキストを入力する。またそのテキストを編集する。	なし
	パス上文字	パスをテキスト入力用のパスに変換し、パスに沿ってテキストを入力・編集できるようにする。	なし
7	文字(縦)	縦書きのポイント文字やテキストエリアを作成する。また縦書きのテキストを編集する。	なし
	エリア内文字(縦)	パスを縦書き用のテキストエリアに変換し、そのエリア内に縦書きテキストを入力する。またそのテキストを編集する。	なし
	パス上文字(縦)	パスを縦書きテキスト入力用に変換し、パスに沿って縦書きテキストを入力・編集できるようにする。	なし
	文字タッチ	文字をインラインのまま直感的な操作で変形する。タッチデバイスに対応。	shift + T
	直線	直線のパスオブジェクトを描く。	¥
	円弧	曲線のパスオブジェクトを描く。	なし
8	スパイラル	スパイラル状のパスオブジェクトを描く。	なし
	長方形グリッド	長方形のグリッド状のパスオブジェクトを描く。	なし
	同心円グリッド	同心円のグリッド状のパスオブジェクトを描く。	なし

● 描画・ペイント・文字系のツール（続き）

アイコン	ツール名	概　要	ショートカット
▣	長方形	正方形や長方形のパスオブジェクトを描く。	M
▣	角丸長方形	角の丸い正方形や長方形のパスオブジェクトを描く。	なし
◯	楕円形	正円や楕円のパスオブジェクトを描く。	L
◯	多角形	正多角形のパスオブジェクトを描く。	なし
☆	スター	さまざまな形状の星形のパスオブジェクトを描く。	なし
◉	フレア	レンズフレアを描く。	なし
✎	ブラシ	自由な線を描き、[カリグラフィ][散布][アート][パターン][絵筆]の各種ブラシをパスオブジェクトに適用する。	B
✎	塗りブラシ	ドラッグした軌跡がそのままパスの輪郭になる、[塗り]が適用されたパスオブジェクトを描画する。	shift + B
✎	Shaper	大まかに図形を描くと、円形、四角形、正多角形などのシェイプに変換される。また複数のシェイプを合成することもできる。	shift + N
✎	鉛筆	自由な線を描画する。またその線を編集する。	N
✎	スムーズ	パスオブジェクトの線を滑らかにする。	なし
✎	パス消しゴム	オブジェクトのパスセグメントやアンカーポイントを消去する。	なし
✎	連結	交差する2つのパスの端をドラッグして連結する。	なし
⌫	消しゴム	ドラッグしたパスオブジェクトの領域を消去する。	shift + E
✂	はさみ	パスオブジェクトのセグメントを指定の位置で切断する。	C
✎	ナイフ	パスオブジェクトを切断する。	なし

● 拡大・縮小・回転などの変形系のツール

アイコン	ツール名	概　要	ショートカット
↻	回転	基準点を基準にしてオブジェクトを回転する。	R
▷◁	リフレクト	基準点を基準にしてオブジェクトを反転する。	O
⤢	拡大・縮小	基準点を基準にしてオブジェクトを拡大・縮小する。	S
▱	シアー	基準点を基準にしてオブジェクトを傾ける。	なし
⤡	リシェイプ	ドラッグ操作でパス全体の形状を保ちながら伸縮する。	なし
✋	線幅	ドラッグ操作によってオブジェクトの[線]の線幅に強弱を付ける。	shift + W
▨	ワープ	ドラッグしてオブジェクトを粘土のように伸ばして変形する。オブジェクトを変形する同系のツールとして他にも[うねり][収縮][膨張][ひだ][クラウン][リンクル]ツールなど7種類のツールが用意されている。	shift + R
▨	自由変形	オブジェクトに拡大・縮小、回転、ゆがみなどの変形を適用する。タッチデバイスに対応している。	E
📌	パペットワープ	アートワークにピンを追加して、ドラッグ&ドロップでシームレスに変形する。	なし
▨	シェイプ形成	重なり合うパスに、合体、分割、削除などの合成を行う。	shift + M
▨	ライブペイント	ライブペイントグループの面および輪郭線をペイントする。	K
▨	ライブペイント選択	ライブペイントグループ内の面と輪郭線を選択する。	shift + L
▨	遠近グリッド	遠近感のあるグリッドを作成する。グリッド上にオブジェクトを描画すると、自動的に遠近感のある形状に変形する。	shift + P
▨	遠近図形選択	遠近グリッド上にあるオブジェクトを選択する。	shift + V

16

● グラデーション系・計測系のツール

アイコン	ツール名	概　要	ショートカット
19	メッシュ	メッシュオブジェクトを作成・編集する。	U
20	グラデーション	オブジェクト内のグラデーションの開始点、終了点および角度を調整する。またグラデーションをオブジェクトに適用する。	G
21	寸法	長さ、角度、径の寸法を測定し、寸法線と寸法テキストを作成する。	なし
22	スポイト	オブジェクトのカラー、文字、アピアランスの属性を抽出し、他のオブジェクトに適用する。	I
22	ものさし	2点間の距離を測る。	なし
23	ブレンド	複数のオブジェクト間で色と形状を変化させた一連のブレンドオブジェクトを作成する。	W

● シンボル・グラフ系および画面表示系のツール

アイコン	ツール名	概　要	ショートカット
24	シンボルスプレー	アートボードに複数のシンボルインスタンスをセットとして配置する。シンボルを扱う同系のツールとして他にも[シンボルシフト][シンボルスクランチ]など8種類のツールが用意されている。	shift + S
25	棒グラフ	垂直の棒を使用して値を比較するグラフを作成する。グラフを作成する同系のツールとして他にも[積み上げ棒グラフ][折れ線グラフ][散布図][円グラフ]など9種類のツールが用意されている。	J
26	アートボード	アートボードを作成・編集する。	shift + O
27	スライス	Web用のスライスを作成する。	shift + K
27	スライス選択	Web用のスライスを選択する。	なし
28	手のひら	ドキュメントウィンドウ内の表示領域をドラッグして移動する。	H
28	回転ビュー	ドラッグしてカンバスの表示を回転する。	shift + H
28	プリント分割	ページグリッドを調整して、アートボード上のプリントする範囲を設定する。	なし
29	パス上オブジェクト	パスの輪郭に沿ってオブジェクトを配置・整列・移動する。	なし
30	ズーム	ドキュメントウィンドウの表示倍率を拡大・縮小する。	Z

● その他の機能

ツール名	概　要	ショートカット
塗りと線を入れ替え	[塗り]と[線]のカラーを入れ替える。	shift + X
初期設定の塗りと線	[塗り]と[線]のカラーを初期設定値([塗り:白]と[線:黒])に戻す。	D
塗り	現在の[塗り]を表示する。ダブルクリックするとカラーを変更できる。	X
線	現在の[線]を表示する。ダブルクリックするとカラーを変更できる。	X
カラー	グラデーションやパターンが適用されたオブジェクト、またはカラーが[なし]に設定されている[塗り]や[線]に、最後に選択した単色を適用する。	<
グラデーション	選択中のオブジェクトに最後に選択したグラデーションを適用する。	>
なし	[塗り]や[線]のカラーを[なし]に設定する。	/
描画方法の切り替え	描画方法を[標準描画][背景描画][内側描画]に切り替える。	shift + D
スクリーンモードを変更	スクリーンモードを切り替える。	F
ツールバーを編集	ツールバーに表示する項目を編集する(→p.41)。	なし

Lesson 1-3　パネル/パネルドックの基本操作

Illustratorの操作では、先述したツールバーとともに、さまざまなパネルを使用します。ここではパネルの基本的な操作方法と、パネルの種類を簡単に紹介します。

パネルの種類

Illustratorには**40種類以上のパネル**が用意されています❶。

各パネルは、先述したツールバーと異なり、全パネルが常にワークスペース上に配置されているわけではありません。必要に応じて目的のパネルを表示して自分にあったワークスペースを構築します。

パネルの表示・非表示

目的のパネルが表示されていない場合は［ウィンドウ］メニューからパネル名を選択します❷。

なお、すでに表示されているパネルには、左側にチェックがついています❸。

［ウィンドウ］メニューからは、ツールバーやコンテキストタスクバー、［コントロール］パネルの表示・非表示も切り替えられます❹。

また誤ったキー入力で、予期せずパネルが非表示になってしまうことがあります。tabキーやFキーを入力するとパネルが非表示になることがあるので注意してください。

> **Memo**
> tabを入力することで、すべてのパネルを一時的に隠す（非表示にする）ことができます。表示するには、再度tabを入力します。

> **Memo**
> Fキーには、ツールバーの最下部の［スクリーンモードの変更］のショートカットが割当られています❺。Fキーを入力するとスクリーンモードが切り替わります。予期せずに変更された場合は、［標準スクリーンモード］に戻してください。

> **Memo**
> ［ウィンドウ］メニューの最下部には、現在開いているファイル名が一覧で表示されます❻。また、最前面にある、またはドキュメントタブで選択されているファイル名にはチェックがついています。

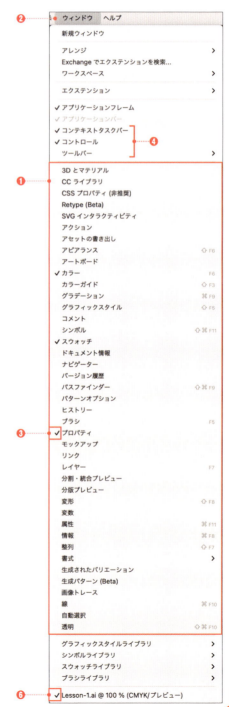

パネルメニューの表示

ほとんどのパネルには「パネルメニュー」が用意されています。パネル右上にある[パネルメニュー]ボタンをクリックして表示します❼。

パネルメニューの内容は、パネルごとに異なります。パネルメニューには、各パネルに関する各種の詳細設定やさまざまな関連機能が含まれています。

パネル下部のメニュー

一部のパネルには、パネル下部に各種ボタンが配置されています❽。ボタンの種類はパネルごとに異なります。各パネルの具体的な操作方法については後述するので、ここではパネル下部にボタンがあるということだけ覚えておいてください。

アイコン表示とパネル表示の切り替え

パネルの表示方式には、アイコンをパネルドックに格納した「**アイコン表示**」と、通常の「**パネル表示**」の2種類があり、これらはパネルの右上部にある▶ボタンをクリックすることで切り替えることができます❾。

アイコン表示にするとワークスペースを省スペース化でき、パネル表示にするとすぐにパネルを操作できます。それぞれにメリット・デメリットがあるので、作業内容に応じて使い分けてください。

パネルの表示

アイコン表示のパネルを表示するには、アイコンをクリックします❿。再度アイコンをクリックすると閉じることができます。

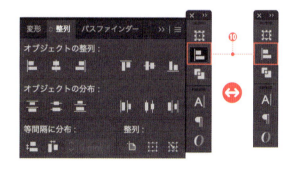

> ここも知っておこう！　▶ **パネル名の表示**
>
> アイコンパネルの側面をドラッグすると❶、各パネルのパネル名を表示できます。アイコンだけではどのパネルか判別できないときは、この機能が便利です。

パネルグループの切り替え

複数のパネルがグループ化されている場合は、パネルタブをクリックすることで重なりの前後を切り替えることができます⓫。

パネルのフローティング

グループ化されているパネルから一部のパネルを切り離したい場合（フローティングしたい場合）は、パネルタブをパネルグループの外にドラッグ&ドロップします⓬。

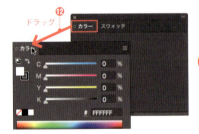

Memo
いったんフローティングしたパネルを、元のグループに戻したい場合や、別のパネルとグループ化するには（ドッキングするには）、パネルタブを目的のパネルの上に重ね、パネル全体が青色でハイライト表示されたところでドロップします。

パネルの表示切り替え

パネルタブをダブルクリックすると⓭、パネルをたたんだり（タブだけの状態）、広げたりできます。一時的にたたんでスペースの節約をしたい時などに便利です。なお、[パネルオプション]があるパネルでは、パネルタブの左側に◎のアイコンが表示されます⓮。ここをクリックすると、パネルオプションの表示・非表示を切り替えることができます。

Memo
パネルオプションの表示・非表示の切り替えは、パネルメニューから行うこともできます。

主要パネル一覧

ここではIllustratorに用意されているパネルのうち、特に使用頻度の高い主要なものの概要を簡単に紹介します。現時点では「こんなパネルがあるんだ」くらいの感覚でざっくりと目を通しておいてください。

[コントロール]パネル
使用中のツールで選択しているオブジェクトの編集に最適なオプションが表示されます。また下破線の文字をクリックすると、パネルが表示されます。

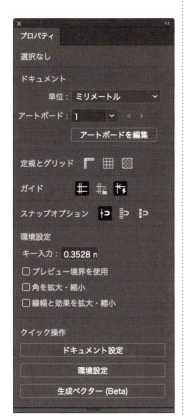

コンテキストタスクバー
選択したオブジェクトの編集に便利なオプションが表示されます。パネルメニューからバーの位置や非表示を切り替えられます。

[プロパティ]パネル
使用中のツールまたは選択しているオブジェクトの編集に最適なオプションが表示されます。

[レイヤー]パネル
レイヤーの階層状態や設定を表示・編集します。このパネルの操作でオブジェクトの重なり順や表示／非表示を切り替えられます。

[アートボード]パネル
アートボードの新規作成・削除や、アートボードの選択、アートボード名の編集など、アートボードに関する各種情報の管理および変更を行う際に使用します。

[アピアランス]パネル
オブジェクトやレイヤーなどに適用している[塗り]、[線]、[不透明度]、[効果]などのアピアランス属性を設定します。

[スウォッチ]パネル
作成した[カラー]、[グラデーション]、[パターン]などのスウォッチを保存および適用します。

[カラー]パネル
カラーを編集して、オブジェクトの[塗り]または[線]に適用します。カラーモデルは[グレースケール]、[RGB]、[HSB]、[CMYK]などに切り替えられます。

[カラーガイド]パネル
現在の[塗り]または[線]のカラーと調和するカラーを表示します。また、カラーグループを[スウォッチ]パネルに保存することもできます。

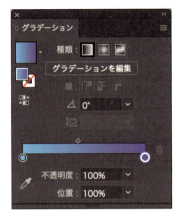

[グラデーション] パネル
グラデーションの適用・作成・変更を行います。多彩なグラデーションを設定できます。

[透明] パネル
オブジェクトの不透明度や描画モードを設定します。また、不透明マスクを作成することもできます。

[線] パネル
線幅、線種、角の比率など [線] に関する設定を行います。オプションを表示すれば、線端や矢印を設定することもできます。

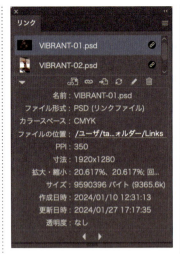

[リンク] パネル
リンク画像や埋め込み画像など、配置した画像データの情報を表示および管理します。

[属性] パネル
オーバープリントの設定、Web用のイメージマップ、複合パスの塗りの規則など、オブジェクトの属性に関する設定を行います。

[グラフィックスタイル] パネル
アピアランス属性のセットをグラフィックスタイルとして保存します。保存したグラフィックスタイルは1クリックでオブジェクトに適用できます。

[CCライブラリ] パネル
カラー、文字スタイル、グラフィックなどをライブラリに追加すると、共有ライブラリとしてAdobe Creative Cloudの他のアプリケーションでも使用できます。

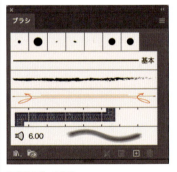

[ブラシ] パネル
ドキュメントに含まれているブラシが表示されます。ブラシの作成および保存を行います。

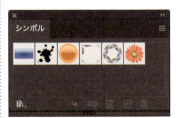

[シンボル] パネル
シンボルの登録・編集・配置などドキュメント内のシンボルを管理します。

[変形] パネル
選択したオブジェクトの位置やサイズを管理・設定します。また長方形、多角形、楕円形などのプロパティを設定できます。[線幅と効果を拡大・縮小]、[角を拡大・縮小] の有無など、各種変形オプションを設定できます。

[文字] パネル
テキストオブジェクトのフォントやサイズ、字間、行間など、文字に関するさまざまな書式設定を行います。

[文字スタイル] パネル
文字書式の属性を集めた [文字スタイル] を作成・編集・適用できます。

[段落スタイル] パネル
文字書式と段落書式の両方の属性を集めた [段落スタイル] を作成・編集・適用できます。

[パスファインダー] パネル
複数のオブジェクトに対して、合体・型抜き・分割などさまざまな合成を行います。また複合シェイプを作成することもできます。

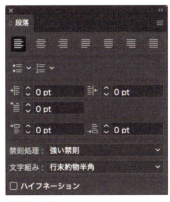

[段落] パネル
テキストオブジェクトの行揃えや均等配置、インデント（字下げ）、段落の前後のアキなどの設定を行います。

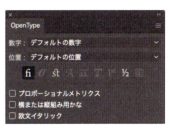

[OpenType] パネル
OpenType フォントの異体字を設定します。使用している OpenType フォントに合字やスワッシュ字形などが含まれている場合は、パネルの操作で適用できます。

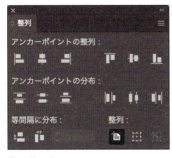

[整列] パネル
選択したオブジェクトを整列したり、分布したりできます。その際、特定のオブジェクトやアートボードを基準にすることもできます。

[タブ] パネル
テキストオブジェクト内の段落にタブ位置を設定できます。

[字形] パネル
フォントの字形を表示および挿入することができます。また、異体字を表示することもできます。

[ナビゲーター] パネル
ドキュメントウィンドウの現在の表示範囲を赤い枠線で示します。

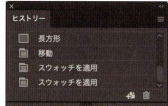

[ヒストリー] パネル
実行した操作が記録されます。実行した操作の確認、取り消し、やり直しができます。

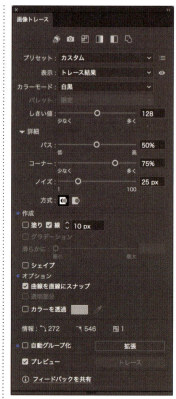

[分版プレビュー] パネル
カラーの有効／無効を切り替えることで、色分解出力時にどのように表示されるのかを確認できます。

[画像トレース] パネル
ビットマップ画像（ラスター画像）をトレースして、ベクターアートワーク（パス）に変換します。

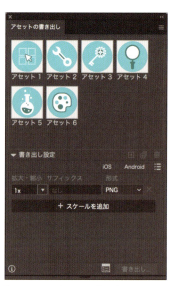

[分割・統合プレビュー] パネル
分割・統合の特定の条件を満たすアートワークの領域をハイライトで表示します。また分割・統合オプションの編集および保存を行います。

[バージョン履歴] パネル
Creative Cloudに保存したクラウドドキュメントの保存履歴が記録されます。記録された、以前保存したバージョンへ復帰することができます。

[アクション] パネル
一連の動作をアクションとして記録し、その処理内容をワンクリックで素早く実行できます。また、編集・削除も可能です。

[アセットの書き出し] パネル
ドラッグ＆ドロップでパネルに追加したアートワークをサイズやファイル形式を指定して書き出せます。

[3Dとマテリアル] パネル

オブジェクトに [3Dとマテリアル] 効果を適用・編集する際に使用します。3Dの種類やマテリアルの質感、ライトの明るさ、角度など、様々な調整を行うことができます。

[モックアップ] パネル

ベクターアートワークを画像に合成してモックアップを作成します。使用したい画像は用意するか、またはパネル内に用意された Adobe stock 画像を使用できます。

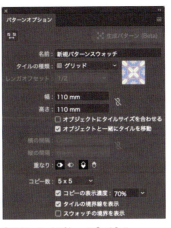

[パターンオプション] パネル

オブジェクトを繰り返して繋ぎ目のないパターンを作成し、パターンスウォッチとして保存します。

[Retype] パネル

2025年1月現在はベータ版。アウトライン化されたテキストまたはテキストが含まれた画像を選択して実行し、テキストと一致するかまたは似たフォントに置き換えることができます。

[コメント] パネル

制作したドキュメントをレビュー用に共有してリンクを作成し、リンクを共有した閲覧者からのフィードバックコメントを確認・返信できます。

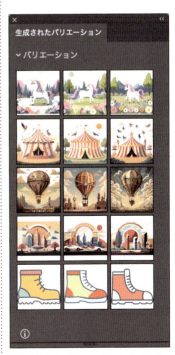

[生成されたバリエーション] パネル

ドキュメントに保存された、生成ベクターで生成されたバリエーションの確認・類似の生成・配置を行うことができます。

Lesson 1-4 Illustratorで利用できるファイル形式

Illustratorは、いくつかのファイル形式（保存フォーマット）を扱うことができます。場合によってはai（Adobe Illustrator形式）以外のファイル形式で保存することもあるので、ここで基本を押さえておいてください。

ファイル形式（保存フォーマット）

Illustratorの基本的なファイル形式は「.ai」または「.aic」（クラウドドキュメント）形式です。**特別な理由がない限り、上記のいずれかのファイル形式で作業を行ってください。**一方、Illustratorは他のいくつかのファイル形式にも対応しています。下表を参考に、必要に応じて適切なファイル形式を選択してください。

ファイル形式を変更する方法

ファイル形式を変更するには、ドキュメントファイルを開いた状態で、メニューから[ファイル]→[別名で保存]を選択し❶、表示されるダイアログで[コンピュータに保存]を選択します。表示される[別名で保存]ダイアログにある[ファイル形式]に任意のファイル形式を選択して❷、[保存]ボタンをクリックします❸。

> **Memo**
> ファイル形式をai形式からaic形式に変更するには、[Creative Cloudに保存]を選択します❹。

> **Memo**
> [別名で保存]を実行すると、ファイル保存後は、**変更後**のファイルが開いた状態になります。

● Illustratorで利用できる主なフォーマット

種類	説明
Adobe Illustrator (.ai)	Illustratorネイティブのファイル形式。[コンピューターに保存]でローカルに保存するため、ファイル管理やデータの受け渡しを必要とする場合に適している。
Illustratorクラウドドキュメント (.aic)	クラウドネイティブなファイル形式。作業内容は自動保存され、バージョン履歴も記録されるため、以前保存したバージョンへ復帰できる。Illustratorがインストールされていれば他のデバイスからでもアクセス可能。複数のデバイスや環境からの作業に適している。
Illustrator EPS (.eps)	ベクター画像、ビットマップ画像の両方を含めることができるファイル形式。DTP分野で広く利用されてきた。
Illustrator Template (.ait)	Illustratorのファイルをひな型（テンプレート）として保存するファイル形式。aitファイルとして保存後にファイルを一度閉じたら、再度ファイルを開いて上書きしたり、再編集したりすることはできない。メニューから[ファイル]→[テンプレートとして保存]を選択することでも実行できる。
Adobe PDF (.pdf)	PCのドキュメント方式として広く利用されているフォーマット。プラットフォームやアプリケーションの違いを超えて使用できるため、多くの環境で利用できる。Macでは標準のフォーマットとしてサポートされている。
SVG圧縮 (.svgz) SVG (.svg)	拡大・縮小しても画像が粗くならないベクター画像であるため、スマートフォンやPC、高解像度ディスプレイなど、表示サイズが異なる複数のデバイス向けのWebサイトやアプリを中心に使用されている。

COLUMN

本書でのワークスペースの扱い

🟨 [コントロール]パネルと[プロパティ]パネル

[コントロール]パネルと[プロパティ]パネルは、作業に最適で使用頻度の高い機能が表示される優れたパネルに設計されています。

▶ メリット
- 1つのパネルからさまざまな操作ができるため、ワークスペースの省スペース化を図れる
- 作業に最適な機能が表示されるため効率的である

▶ デメリット
- 目的の操作を行うまでのクリック数が多くなる場合がある
- 特定のツールまたはオブジェクトを選択したときにしか表示されない
- [プロパティ]パネルの操作だけでは完結しない操作もある

本書では、基本的に操作に最適なパネルおよびメニューを使い解説を行います。[コントロール]パネルと[プロパティ]パネルに関しては、併用し適宜使い分けて解説を行います。

🟨 コンテキストタスクバー

コンテキストタスクバーは、オブジェクトを選択した際に「頻繁に実行されるであろう次の動作」を表示して、編集作業をサポートしてくれる優れたタスクバーです。しかし、各ページの解説内容に適さない項目が表示される場合には、紙面が煩雑になることがあるため、本書では、表示・非表示を適宜切り替えて解説を行います。

> **Memo**
> 例えば、フォントやフォントサイズの変更は、[コンテキストタスクバー]から行えば直ぐに変更可能です。しかし、本書では、機能の全体像を把握して学びを深めてもらうことを目的としているため、[文字]パネルで解説を行います。

何も選択していない際に表示される項目

アンカーポイントを選択した際に表示される項目

画像を選択した際に表示される項目

[…]をクリックして表示されるオプションメニューから[バーの位置をピン留め]を選ぶと、バーを好きな位置に配置することができます。また、メニューから[ウィンドウ]→[コンテキストタスクバー]を選択して表示・非表示を切り替えることもできます。

― COLUMN ―

本書でのオブジェクトの表示の扱い

🗂 移動・変形時にパスの境界線を表示

本書では、パスオブジェクトの移動や変形操作の手順をわかりやすく解説するため、編集途中のパスオブジェクトの状態がわかるように、パスの境界線を表示しています。

設定方法は、メニューから［Illustrator］→［設定］→［パフォーマンス］（Windowsではメニューから［編集］→［環境設定］→［パフォーマンス］）を選択して、［環境設定］ダイアログを表示し、［その他］セクションの［リアルタイムの描画と編集］のチェックを外してオフにします。

左の［リアルタイムの描画と編集］がオンの状態では、リアルタイムで変形が行われるため、変形前と変形途中の描写がわかりづらい。右の［リアルタイムの描画と編集］がオフの状態では、拡大変形時にパスの境界線が表示されるため、変形前と変形途中の描写がわかりやすい。

🗂 スマートガイドの表示

スマートガイドとは、オブジェクトを作成・編集する際に表示されるガイド機能です。デフォルトでオンになっています（→ p.43）。本書では、紙面の都合上スマートガイドの表示は、オフにして解説を行います。

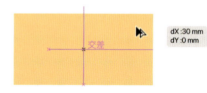

オブジェクトの移動の際には移動距離や整列を補助するガイドが表示されます。

🗂 コーナーウィジェットの表示

コーナーウィジェットとは、［ダイレクト選択］ツール ▶ でパスを編集する際に、パスのコーナーポイントの内側に表示される、コーナーの形状を編集するウィジェットです（→ p.57）。デフォルトで表示されます。本書では、作例が煩雑にならないように、適宜表示・非表示を切り替えて解説を行います。

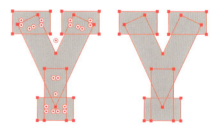

［ダイレクト選択］ツールで、パスオブジェクトを選択した状態。左は「コーナーウィジェットを表示」、右は「コーナーウィジェットを隠す」。

🗂 レイヤーカラーの変更

オブジェクトを選択した際に表示される、バウンディングボックスや、パスの境界線の色を作例ごとに見やすい色に変更しています。変更方法は（→ p.120「レイヤーの名前やカラー変更する」）を参照してください。

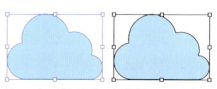

デフォルトでは「ライトブルー」に設定されていますが、同系色で見えづらいため「ブラック」に変更しています。

Lesson 2
The First Step of Illustrator.

はじめてのIllustrator
最初に知っておくべき基本の操作

本章では、実際に操作をはじめる前段階として、全作業で必須となるIllustratorの基本操作をいくつか紹介します。ここで紹介する操作手順や機能は、今後も頻繁に利用することになるので、ここでしっかりと習得しておいてください。

Lesson 2-1 新規ドキュメントを作成する

Illustratorの新規ドキュメント（ファイル）を作成する方法を詳しく解説します。Illustratorを利用するうえでは、新規ドキュメントの作成方法をきちんと理解しておくことがとても重要です。

新規ドキュメントの作成

Illustratorでは多くの場合、最初に新規ドキュメントを作成することから作業がはじまります。ドキュメントの設定内容は後から変更することも可能ですが、場合によっては作業に手戻りが発生してしまうこともあるので、仕様が決まっている場合は、新規ドキュメントの作成時にきちんと各項目を設定することをお勧めします。

01 Illustratorを起動すると、[ホーム画面] が表示されるので、左側の [新規ファイル] ボタンをクリックして❶、[新規ドキュメント] ダイアログを表示します。

Short cut
新規ドキュメントの作成
Mac: ⌘ + N　　Win: Ctrl + N

02 プロファイルのカテゴリから用途に合わせて任意の項目を選びます❷。ドキュメントのプリセットが表示されるので❸、任意のサイズを選びます。ここでは [印刷] → [A4] を選び、[作成] ボタンをクリックします❹。

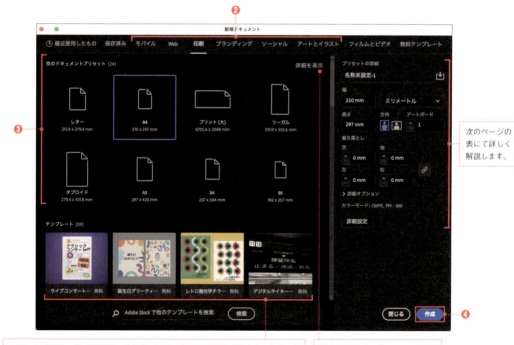

選択したプロファイルに応じて、さまざまなテンプレートが表示されます。クリックするとAdobe Stockからテンプレートをダウンロードして使用できます（Adobe Stockを利用するにはインターネットに接続している必要があります）。

目的のサイズのプリセットが表示されていない場合はクリックして表示を増やします。

03 ドキュメントウィンドウが開きます。画面中央の白い部分が「アートボード」です❺。この範囲が印刷・出力対象になります。

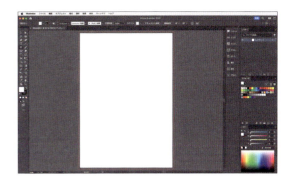

> **Memo**
> 任意のプロファイルを選択すると、単位、裁ち落とし、カラーモードなどにそれぞれの用途に適した設定値が適用され、任意のプリセットを選択すると、アートボードのサイズが適用されます。
> 目的に合ったアートボードサイズがない場合などには、必要に応じて[プリセットの詳細]の各項目を変更します。

※ [新規ドキュメント]ダイアログの[プリセットの詳細]の設定項目

名 称	概 要
❶名前	作成するドキュメントのファイル名。保存する際に再度設定可能。
❷幅・高さ	アートボードのサイズ。プリセットを指定すると[幅]と[高さ]が自動的に設定される。値を入力して任意のサイズに設定できる。
❸単位	アートボードのサイズを指定する単位。ここで設定した単位が、パスオブジェクト等を作成する際の単位に反映される(→p.60)。
❹方向 アートボード	アートボードの向き(縦向き、横向き)を設定する。アートボードには、配置する数を設定する。複数ページで構成される制作物を作る際には配置するアートボードの数を指定する(→p.232)。
❺裁ち落とし	アートボードに裁ち落としを設定する。裁ち落としとは、商用印刷において「印刷後に断裁して切り落とす部分」。一般的な商用印刷では**3mm**を設定する。Webやモバイル向けの制作物では設定は不要(値を0に設定)。
❻カラーモード	カラーモード(色の再現方式)を選択する。一般的には、印刷目的の場合は[CMYK]、Webやモバイルなどディスプレイ画面での表示が目的の場合は[RGB]を選択する(→p.242)。
❼ラスタライズ効果	ベクトルオブジェクトにラスタライズ効果を適用する際の「きめ細かさ」を設定する。プロファイルに[印刷]を選択すると[高解像度(300ppi)]が設定され、それ以外では[スクリーン(72ppi)]が設定される(→p.157)。
❽プレビューモード	[デフォルト]に設定すると、ドキュメント上のアートワークはフルカラーのベクトルで表示される。特段の理由がない限り、[デフォルト]に設定することを推奨。

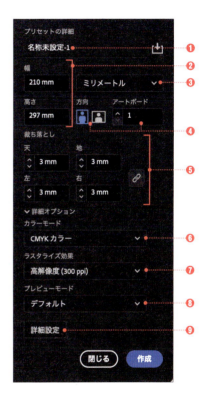

[詳細設定]ダイアログ

[詳細設定]ボタンをクリックすると❾、[詳細設定]ダイアログが表示されます。

設定できる項目は、[プリセットの詳細]とほぼ同じですが、複数のアートボードを配置する際に、[配列方向]や[間隔]を指定できます❿。

> **Memo**
> [新規ドキュメント]ダイアログの表示を省略して、[詳細設定]ダイアログを表示したい場合は、メニューから[Illustrator] (Windowsは[編集])→[設定]→[一般]を選択して、[以前の「新規ドキュメント」インターフェイスを使用]にチェックをつけます。

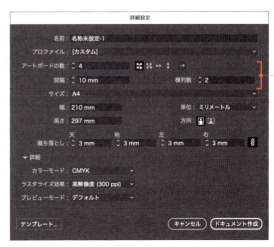

Lesson 2-2 ファイルを保存する

新規ドキュメントを作成したら次はファイルを保存します。ファイルの保存には2つの方法があります。それぞれの特性が異なりますが、アートワーク制作に関する操作の違いはありません。

ファイルの保存（Creative Cloudに保存）

ファイルの保存には、[コンピューターに保存]と[Creative Cloudに保存]の2つの方法があります。それぞれの特性を理解して、自身のワークスタイルや職場等でのワークフロー、制作物の用途などに合わせて最適な保存方法を選びます。それぞれの特性に関しては後述します（→p.34）。

ここではまずは、[Creative Cloudに保存]する手順を解説します。

01 メニューから［ファイル］→［保存］を選択します❶。

02 ［コンピューターに保存］または［CreativeCloudに保存］を選ぶダイアログが表示されるので、[Creative Cloudに保存]をクリックします❷。

❸の［コンピューターに保存］は次のページで解説します。

03 ［Creative Cloudに保存］ダイアログが表示されるので、任意の名前をつけて❹、［保存］をクリックします❺。
この手順で［Creative Cloud］に**クラウドドキュメント**として保存されます。

> **Memo**
> クラウドドキュメントは、作業内容が自動保存されます。（自動保存の設定はp.246）
> また、保存して一度閉じたクラウドドキュメントを再び開くには、ホーム画面から［自分のファイル］❻をクリックして、保存されたクラウドドキュメント一覧から選びます。

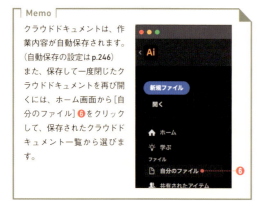

📁 ファイルの保存（コンピューターに保存）

コンピューターに保存する際は、ファイル形式（保存フォーマット）や、各種オプションをきちんと設定することが大切です。また、作業がひと段落したら、こまめにファイルを上書き保存することをお勧めします。

01 メニューから［ファイル］→［保存］を選択して❶、ダイアログを表示します。

02 表示されたダイアログから、［コンピューターに保存］をクリックします❷。

03 ［別名で保存］ダイアログが表示されるので、［名前］に任意のファイル名を入力し、任意の保存場所を指定します❷。
［ファイル形式］に［Adobe Illustrator(ai)］を指定して❸、［保存］ボタンをクリックします❹。

04 ［Illustratorオプション］ダイアログが表示されます。通常は［バージョン］に使用バージョンを指定します❺。
オプションの各項目については、下の表を参考に、必要に応じて設定してください。
［OK］ボタンをクリックすると❻、コンピュータ内の指定した場所にファイルが保存されます。

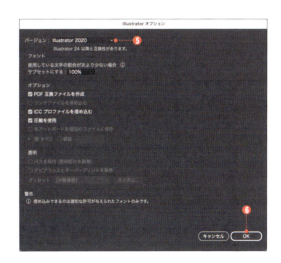

> **Memo**
> 一度保存したファイルは、2回目以降は［ファイル］→［保存］を選択して作業内容を同じ条件で上書き保存します。

Short cut
ファイルの保存
Mac: ⌘ + S　　Win: Ctrl + S

◆ ［Illustratorオプション］ダイアログの設定項目

名　称	概　要
バージョン	Illustratorの保存バージョンを指定する。一般的には、使用中のバージョン（最新バージョン）を指定する。
フォント	フォント全体を埋め込むか、使用している文字のみを埋め込むかを選択できる。一般的には［サブセットにする:100%］を指定する。
PDF互換ファイルを作成	チェックをつけると、PDF形式として使用できるデータが保存される。チェックを外すとファイル容量が小さくなる。
配置した画像を含む	リンク画像（→p.178）がドキュメント上にある場合に、チェックをつけると、画像が埋め込まれる。
ICCプロファイルを埋め込む	ファイルにカラープロファイル（→p.243）を埋め込む。
圧縮を使用	データを圧縮して保存する。一般的にはチェックをつけておく。

ここも知っておこう！ ▶ [コンピューターに保存]と[Creative Cloudに保存]どちらを選ぶ？

「コンピューターに保存(ai形式)」と「Creative Cloudに保存(aic形式)」では、それぞれ**保存場所**と**ファイル形式**が異なります。しかし、**どちらで保存しても、デザイン制作に関する描画や編集ツール、パネル等の機能には違いはありません。**

以前はコンピューター(ローカルディスク)に保存して作業をするのが一般的でしたが、クラウドドキュメント(Creative Cloudに保存)が搭載されて以降は、クラウドドキュメントならではの機能(クラウド同期、自動保存、バージョン履歴、編集に招待)があり利便性は高まりました。しかし、今はまだ過渡期であり、ケースバイケースで最適な保存方法を選択していく必要があります。どちらの保存方法を選ぶかは、以下の例を参考にしてください。

CASE-1　自己完結型のワークフローの場合

自分ひとりで1台のPCで最初から最後まで制作を行う場合は、「**コンピューターに保存**」、「**Creative Cloudに保存**」のどちらの保存方法を選んでも問題はありません。

[**Creative Cloudに保存**] は、クラウド上に同期されるので、PCのトラブルでローカルディスクが破損した場合などにファイルを失う心配がなく安心です。[**コンピューターに保存**] する場合は、データのバックアップは必須です。

CASE-2　複数デバイスでのワークフローの場合

デスクトップPCで作業し、出先ではノートパソコンやiPadで作業する場合、または、テレワークなどで会社と自宅で作業する場合は、[**Creative Cloudに保存**] がよいでしょう。なお、出先で同期するにはオンライン環境が必要です。

CASE-3　作業データをローカルディスクのフォルダー内で一括管理を行いたい場合

Illustratorドキュメントファイルと配置する画像や、その他の作業に必要なファイル類(ExeleやWordなどの書類や指示書、PDF資料など)を、ひとまとめにしてフォルダー内で一括管理を行いたい場合は、[**コンピューターに保存**] がよいでしょう。なお、[Creative Cloudに保存]では、実ファイルを表示して扱うことができません。

CASE-4　Illustratorデータの受け渡しを必要とする場合

本書のダウンロードデータのようにデータを配布する場合や、クライアントへの最終納品物がIllustratorドキュメント(ai形式)である場合には、[**コンピューターに保存**] を選びます。なお、[Creative Cloudに保存]と[コンピューターに保存]は相互変換ができます(→ p.26)。

バージョン履歴を管理する

[**Creative Cloudに保存**] でクラウドドキュメントとして保存すると、[バージョン履歴]パネルからドキュメントのバージョンを表示し管理できます。

メニューから[ウィンドウ] → [バージョン履歴]を選択して[バージョン履歴]パネルを表示します。自動保存された履歴が、新しい順に表示され❶、クリックして選択するとプレビュー表示されます❷。保護したいバージョンの[バージョンを保護]アイコンをクリックすると❸、そのバージョンを保護して残すことができ、[保護されたバージョン]セクションに表示されます❹。

[…] アイコン❺をクリックして表示されるオプションから、[バージョン情報を編集]を選択すると❻、バージョンに「名前」と「説明」を記載することができます。
また[このバージョンを復帰]を選択すると❼、開いているクラウドドキュメントをそのバージョンに戻すこともできます。

Illustratorの設定を初期化する

以下のような場合は、必要に応じて環境設定フォルダを再作成して、Illustratorを初期化することをお勧めします。

- 他者が使用していた環境を引き継いだ場合
- 長い間にさまざまな項目を設定したことによってIllustratorの設定環境が煩雑になってしまった場合
- Illustratorの挙動に不具合が生じた場合（環境設定ファイルの破損が原因の可能性が考えられます）

Illustratorの初期化

01 環境設定フォルダを移動します。Illustratorを終了し、以下の場所にあるフォルダ（環境設定フォルダ）を、デスクトップまたは一時的に別の場所へドラッグ＆ドロップして移動します（各フォルダが表示されない場合は本項下部記載の手順を実行してください）。

02 Illustratorを起動します。起動すると各設定が初期化されています。そして環境設定フォルダは再作成されて、フォルダ内の各種環境設定ファイルが初期状態になります。
なお、一時的に移動しておいたフォルダを再作成されたフォルダと置き換えると、設定は元に戻ります。

環境設定フォルダは次の場所にあります。なお、環境設定フォルダの名称はIllustratorのバージョンによって異なります。

【Mac】Macintosh HD/ユーザ/＜ユーザ名＞/ライブラリ/Preferences/
【Win】C:¥Users¥＜ユーザ名＞¥AppData¥Roaming¥Adobe¥

環境設定フォルダの名称

CC2024	Adobe Illustrator 28 Settings
CC2023	Adobe Illustrator 27 Settings
CC2022	Adobe Illustrator 26 Settings
CC2021	Adobe Illustrator 25 Settings

ライブラリフォルダの表示方法（Mac）

macOSでは、ユーザーのライブラリフォルダは初期設定で非表示になっています。このフォルダを表示するには、option を押しながらFinderのメニューから［移動］→［ライブラリ］をクリックします❶。

隠しフォルダの表示方法（Windows）

Windowsには隠しファイルや隠しフォルダがあります。これらを表示するには、任意のフォルダを開き、メニューから［整理］→［フォルダーと検索オプション］を選択します。

表示される［フォルダーオプション］ダイアログで［表示］タブを選択し、［詳細設定］項目内にある［隠しファイル、隠しフォルダー、および隠しドライブを表示する］にチェックを入れて、［適用］ボタンをクリックします❷。

Lesson 2-3 表示倍率の変更

Sample_Data / 2-3 /

アートワークの細部や細かいオブジェクトを配置・編集する際は、ドキュメントウィンドウの表示倍率を拡大します。ここでは表示倍率や表示範囲の変更方法を解説します。

表示倍率を変更する

ドキュメントウィンドウの表示倍率を変更するには、ツールバーから［ズーム］ツール🔍を選択し❶、次のように操作して画面を拡大・縮小します。

表示を拡大

- 拡大したい箇所の中心にマウスポインターを合わせて、右方向にドラッグする❷
- マウスボタンをクリック、または長押しする

表示を縮小

- マウスポインターを左方向にドラッグする❸
- option（Alt）を押して、マウスポインターを縮小表示モードに切替えてから、マウスボタンをクリック、または長押しする

> **Memo**
> 上記の挙動はGPUプレビューが有効でアニメーションズームがオンの場合の挙動です。
> ［ズーム］ツール🔍をドラッグした際に、上記と異なる挙動をした人は、次ページの「［CPUで表示］の場合の操作方法」を参照してください。

ここも知っておこう！ ▶ さまざまな拡大・縮小方法

Illustratorには、上記以外にもドキュメントウィンドウの表示倍率を変更する方法がたくさんあります。

- ツールバー上の［ズーム］ツール🔍をダブルクリックする：100％表示
- ツールバー上の［手のひら］ツール✋をダブルクリックする：全体表示
- 他のツール使用時に⌘（Ctrl）＋ space ：［ズーム］ツールになる
- 他のツール使用時に⌘（Ctrl）＋ option（Alt）＋ space ：［ズーム］ツール（縮小）になる
- 画面下部の▼から表示倍率を選択する❶

GPUパフォーマンス機能

🔖 GPUパフォーマンスの有効化/無効化

　GPU（グラフィックプロセッシングユニット）とは、お使いのMacまたはWindowsに搭載されている**画像データ処理を行う集積回路**です。お使いのMacまたはWindowsが一定の条件を満たしている場合のみ、GPUパフォーマンス機能を利用できます。利用できない場合は［CPUで表示］になります。

　GPUパフォーマンスの有効化/無効化の切り替えは、メニューから［Illustrator］（Windowsでは［編集］）→［設定］→［パフォーマンス］を選択して、［環境設定］ダイアログを表示し、［GPUパフォーマンス］および［アニメーションズーム］のチェックボックスで行います❶。

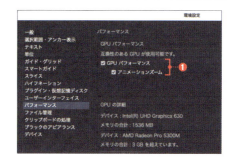

［GPUパフォーマンス］が有効の場合は、メニューから［表示］→［CPUで表示］を選択することで、一時的にCPU表示に切り替えることができます。

🔖 2つのプレビューモード

　GPUパフォーマンスを有効化すると、画面表示に［GPUで表示］、または［CPUで表示］のいずれかを選択できるようになります。

　現在開いているドキュメントがどちらの表示モードなのかは、ドキュメントタブのドキュメント名の横を見ると確認できます❷。［GPUで表示］の場合は「プレビュー」、［CPUで表示］の場合は「CPUプレビュー」と表示されます。

🔖 ［CPUで表示］の場合の操作方法

　［ズーム］ツール🔍で、アートワーク上の拡大したい範囲をドラッグします❸。すると、ドラッグした範囲に「マーキー」と呼ばれる破線の長方形が表示されます。マウスボタンをはなすと、マーキーの範囲がドキュメントウィンドウいっぱいに拡大表示されます❹。

　また、クリックするとクリックした箇所を中心にドキュメントウィンドウ内の表示倍率が段階的に拡大されます。表示倍率を縮小するには、option（Alt）を押してマウスポインターを［縮小表示モード］に切り替えてから、ドラッグまたはクリックします。

　なお、［アニメーションズーム］がオフの場合にも同様の挙動になります。

Lesson 2-4 表示範囲の変更

Sample_Data / 2-4 /

アートワークの細部を編集する際は、高倍率で表示して表示範囲を頻繁に移動します。毎回同じようにツールバーから[手のひら]ツールを選択する方法は非効率なので、効率的な方法も習得してください。

表示範囲を移動する

画像を拡大表示している場合に、ドキュメントウィンドウ内の表示する範囲を変更するには、[手のひら]ツールを使用します。

01 ツールバーから[手のひら]ツールを選択して❶、ドキュメントウィンドウ上をドラッグします❷。すると、表示範囲がドラッグした方向に移動します❸。

> **Memo**
> 使用中のツールの種類に関わらず、[space]を押している間はツールが一時的に[手のひら]ツールに切り替わります。[手のひら]ツールに関しては、ツールバーで切り替える方法よりも、[space]を押す方法のほうが便利なのでぜひ覚えておいてください。

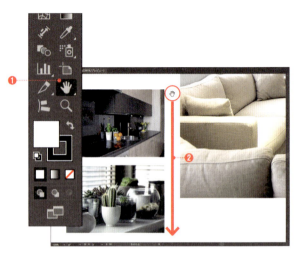

[ナビゲーター]パネルの使用

ドキュメントウィンドウの表示範囲や表示倍率は[ナビゲーター]パネルでも変更できます。[ナビゲーター]パネルを使用するには、次の手順を実行します。

01 メニューバーから[ウィンドウ]→[ナビゲーター]を選択して、[ナビゲーター]パネルを表示します。
パネル内の赤枠(ビューボックス)の内側が、現在ドキュメントウィンドウに表示されている範囲です❹。

02 パネル上をドラッグすると表示領域を変更できます。また、パネル下部にあるプルダウンメニューで表示倍率を変更することで❺、拡大・縮小を行うことも可能です。

> **Memo**
> [ナビゲーター]パネルは、複数のアートボードを設定している場合でも、すぐにドキュメントウィンドウ内の全体像を把握できるので便利です。

38

[表示]メニューからの操作

ドキュメントウィンドウの表示範囲や表示倍率は、[表示]メニューから変更することも可能です。それぞれの特徴やショートカットキーを下表にまとめますので、目的に応じて使い分けてください。

> **Memo**
> [表示]メニューの各項目については、下表に示すショートカットキーを覚えておくと便利です。

●[表示]メニューの関連項目

名 称	概 要	ショートカットキー
❻ズームイン	表示サイズを拡大する。	⌘(Ctrl) + +
❼ズームアウト	表示サイズを縮小する。	⌘(Ctrl) + −
❽アートボードを全体表示	アクティブなアートボードをドキュメントウィンドウいっぱいに表示する。	⌘(Ctrl) + 0
❾すべてのアートボードを全体表示	ドキュメント内に配置したすべてのアートボードをドキュメントウィンドウ内に全体表示する。	⌘(Ctrl) + option(Alt) + 0
❿100%表示	アクティブなアートボードを、ドキュメントウィンドウの中央に「物理的な実際のサイズ」で表示する（例えば、A4のアートボードは実際のA4サイズで表示される：→p.244）。	⌘(Ctrl) + 1

ここも知っておこう！ ▶ **意外と便利な[新規ウィンドウ]**

[新規ウィンドウ]を表示すると、1つのドキュメントを複数のウィンドウで同時に表示できます。この機能を利用して、それぞれの表示倍率や表示モードを切り替えれば、全体像と細部を同時に比較できます。

01 メニューから[ウィンドウ]→[新規ウィンドウ]を選択します❶。すると、同じファイル名で末尾に「：1」「：2」と表示された新規ウィンドウが開きます。

02 アプリケーションバー右端の[ドキュメントレイアウト]をクリックして❷、並べ方を選択します。ここではウィンドウを2つ追加して全部で3つ表示して、[3分割表示]を選択しました❸。すると、3つのドキュメントウィンドウが右図のように表示されます❹。

なお、ウィンドウを閉じていくと末尾の「：1」「：2」が消えて、最後に残った1つのウィンドウがオリジナルになります。

Lesson 2-5 ワークスペースの操作

Illustratorでは、ワークスペース上に表示するパネルの種類や配置場所、表示方法などを、自由自在にカスタマイズできます。また、Illustratorに用意されているいろいろなワークスペースに切り替えることも可能です。

ワークスペースの登録

みなさんにとって最適なパネルの配置場所や、表示するパネルの種類がある場合は、作業しやすい位置にパネル類を配置したうえで、次の手順を実行して、ワークスペースを登録しておきましょう。

01 メニューから［ウィンドウ］→［ワークスペース］→［新規ワークスペース］を選択して❶、［新規ワークスペース］ダイアログを表示します。

02 任意の［名前］を入力して［OK］ボタンをクリックします❷。これでワークスペースの登録は完了です。

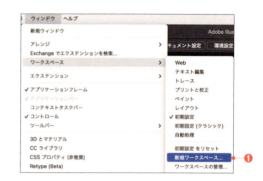

ワークスペースの切り替え

Illustratorには、「Web」や「プリントと校正」など作業内容ごとに使用頻度の高いパネルを集めた、ワークスペースのプリセットが用意されています。ワークスペースのプリセットを利用するには、次の手順を実行します。

01 メニューから［ウィンドウ］→［ワークスペース］を選択して、任意のワークスペース名を選択します❸。

02 すると、指定したワークスペースに切り替わります❹。
また、同様の手順でカスタマイズ登録したワークスペースに切り替えることも可能です❺。

> **Memo**
> ［○○○○をリセット］を選択すると❻、ワークスペースの変更内容を一旦リセットして、そのプリセットの初期状態に切り替わります。

ワークスペースの削除

登録したワークスペースを削除するには、次の手順を実行します。

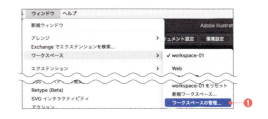

01 メニューから [ウィンドウ] → [ワークスペース] → [ワークスペースの管理] を選択します❶。

02 表示される [ワークスペースの管理] ダイアログで対象のワークスペースを選択して❷、ごみ箱のアイコンをクリックします❸。

ここも知っておこう！ ▶ **ツールバーをカスタマイズする**

Illustratorでは、ツールバーをカスタマイズできます。次の手順を実行します。

01 メニューから [ウィンドウ] → [ツールバー] → [新規ツールバー] を選択して❶、[新規ツールバー] ダイアログを表示して、任意の名前を入力して [OK] ボタンをクリックします❷。

02 すると、空欄のツールバーが表示されるので❸、[ツールバーを編集] ボタン❹をクリックしてツール一覧を表示し、任意のツールを空欄のツールバーにドラッグ＆ドロップします❺。これで登録できます❻。

ここも知っておこう！ ▶ **他者と共同で使用しているIllustratorのワークスペース**

会社や学校に置いてあるパソコンのように、Illustratorを他者と共同で使用している場合は、ご自身の普段使いのワークスペースとは異なり作業がしづらい場合があるでしょう。以下のようにワークスペースを登録して切り替えると、効率よく作業に臨めるでしょう。

(1) 現在のワークスペースの状態を登録する
(2) あらたに自分仕様にパネルを配置して、自分用のワークスペースとして登録する
(3) Illustratorで作業終了後に、はじめに登録した元のワークスペースに切り替える

Lesson 2-6 インターフェイスの色を変更する

Sample_Data / 2-6 /

Illustratorでは、インターフェイスの色（明るさ）を変更できます。制作するアートワークの内容や、みなさんの好みに合わせて、より作業しやすいものに変更してください。

ユーザーインターフェイスの設定

Illustratorのインターフェイスの色や明るさを変更するには、次の手順を実行します。

01 メニューから[Illustrator]（Windowsでは[編集]）→[設定]→[ユーザーインターフェイス]を選択し、[環境設定]ダイアログを表示します❶。

02 [明るさ]に任意の明るさを選択します❷。

03 明るい色に設定すると、右図のようにインターフェイス全体が明るくなります❸。

> **Memo**
> [環境設定]ダイアログ（ユーザーインターフェイス）には、インターフェイスの色の他に、パネルのアイコン化やタブドキュメントの設定などもあります❹。

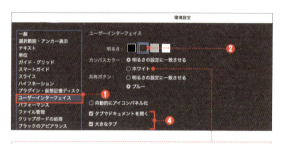

[ホワイト]にチェックをつけると、インターフェイスの明るさに関わらず、カンバスカラー（アートボードの外側の領域）がホワイトになります。

透明グリッドを表示する

メニューから[表示]→[透明グリッドを表示]を選択すると、アートボードとカンバスが透明グリッド（ホワイトとグレーの格子状）で表示されます。

白いカラーが適用されたオブジェクトをアートボードに配置する場合や、カンバスにカンバスカラーと同系色のオブジェクトを配置すると、オブジェクトが見えづらくなる場合があるのですが、そのような場合は、右図のように適宜表示を切り替えて使用してください。

> **Memo**
> 透明グリッドは、[選択]ツールでオブジェクトを選択していない状態で[プロパティ]パネルに表示される[定規とグリッド]セクションの❺をクリックすることでも表示できます。

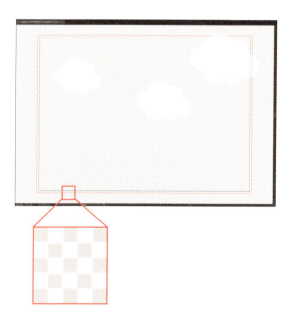

Sample_Data / 2-7 /

Lesson 2-7 スマートガイドを理解する

スマートガイドとは、オブジェクトを描画、変形、選択、移動する際に、表示されるガイド機能です。他のオブジェクトや基準となるポイント、サイズなどを示し、作成・配置・整列の際に役立ちます。

スマートガイドの表示の切り替え

スマートガイドのオン・オフの切り替えは、メニューから[表示]→[スマートガイド]で行います❶。チェックが付いている状態がオンの状態です。

また、[選択]ツールで何も選択していない状態で[プロパティ]パネルに表示される❷のボタンをクリックしてオン・オフを切り替えることもできます。

なお、複雑なアートワークの作成時には、互いに干渉しあい多くのガイドが表示される場合があるので、適宜オン・オフを切り替えて作業を行ってください。

Short cut
スマートガイドの表示／非表示
Mac: ⌘ + U　Win: Ctrl + U

Memo
スマートガイドの表示項目は、[環境設定]ダイアログで設定できます。詳しくはp.246を参照してください。

パスオブジェクトの描画時の表示

[長方形]ツールや[楕円形]ツールでの描画時には、幅や高さの計測値、[ペン]ツールでの描画時には、パスセグメントの長さなどが表示されます。

オブジェクトの選択・移動時の表示

マウスポインターをパスオブジェクトに合わせると、「中心」「アンカー」「パス」といったオブジェクトの位置を示すヒントと、その[X][Y]座標値が表示されます。また、移動や複製の際には、移動距離が表示されます。

近接するオブジェクトとの左右や上下の間隔が等しくなった際に表示されるガイドもあります。

[グリッドにスナップ]がオンの場合は、[スマートガイド]は表示されません

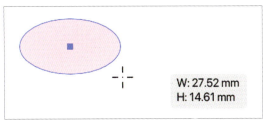

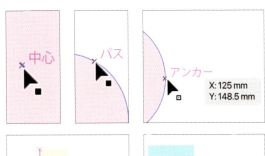

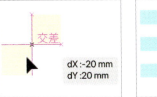

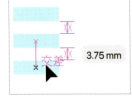

Lesson 2-8 定規とガイド・グリッドを使いこなす

Sample_Data / 2-8 /

サイズを正確に計測したり、オブジェクトをきれいに並べるには、Illustratorに用意されている定規機能とガイド・グリッド機能を理解しておくことが必要です。

[プロパティ]パネルの操作

定規・グリッド・ガイドの表示は、[表示] メニューから行なうことができますが、ここでは [プロパティ] パネルで解説をします。

[選択] ツール で何も選択していない状態で、[プロパティ] パネルを表示します。

定規を表示する

[定規とグリッド] セクションの❶をクリックして、[定規を表示] をオンにします。すると、ドキュメントウィンドウの上端と左端に定規が表示されます❷。

なお、定規を非表示にするには、再度❶をクリックして、[定規を表示] をオフにします。

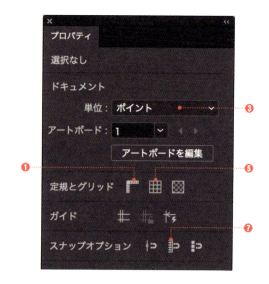

```
Short cut
定規を表示／隠す
Mac: ⌘ + R    Win: Ctrl + R
```

Memo
定規の単位は、新規ドキュメント作成時に指定したプロファイル(→p.30)の種類によって、初期値が異なります。
単位を変更するには、[プロパティ] パネルの [単位] で指定します❸(文字や線幅の[単位]の変更は p.60 を参照)。

Memo
複数のアートボードを配置した場合には、メニューから[表示]→[定規]→[アートボード定規に変更]を選択して、各アートボード毎に独自の原点を持つ、定規を表示することができます。

定規の原点(縦軸・横軸が0の位置)は、初期設定ではアートボードの左上の角に設定されています。原点を変更するには、定規の左上から、マウスポインターを任意の箇所に向かってドラッグします❹。すると、マウスポインターをドロップした位置が原点になります。なお、原点を元の左上の角に戻す場合は、定規の左上をダブルクリックします。

グリッドを表示する

Illustratorには、グリッド機能も用意されています。グリッドを表示するには、[定規とグリッド] セクションの❺をクリックして、[グリッドを表示] をオンにします。すると、ドキュメントウィンドウ全面にグリッドが表示されます❻。

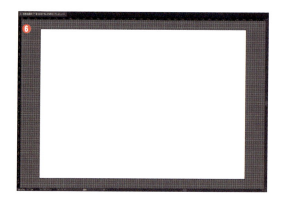

Memo
配置するオブジェクトを、グリッドにぴったりとくっつけたい場合は、[スナップオプション]セクションの❼をクリックして、グリッドにスナップをオンにします(グリッドの間隔の変更は p.246 を参照)。

🟨 ガイドを作成する

［定規とグリッド］セクションの［定規を表示］をオンにしてから❶、［ガイド］セクションの❷をクリックして、［ガイドを表示］をオンにします。

水平ガイドを引きたい場合は、上部の定規の上から下方向へ、垂直のガイドを引きたい場合は左部の定規の上から右方向へ向かってドラッグを開始し、任意の場所でドロップします❸。

すると、ドロップしたところにガイドを作成できます。また shift を押しながらドラッグすると、定規の目盛りに吸着します。

なお、ガイドを非表示にするには、再度❷をクリックして、［ガイドを表示］をオフにします。

> **Memo**
> ツールバーから［アートボード］ツール を選択して、［アートボード］ツール で定規からガイドを作成すると、アートボードにちょうど収まる長さのガイドを作成できます。

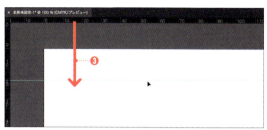

🟨 ガイドを消去する

一部のガイドを消去するには、［ガイド］セクションの❹をクリックして、［ガイドをロック解除］をオンにしたうえで、［選択］ツール で消去するガイドを選択し、 Delete （ Back space ）を押して消去します。

また、すべてのガイドを一括で消去するには、メニューから［表示］→［ガイド］→［ガイドを消去］を選択します❺。

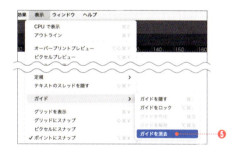

🟨 オブジェクトをガイドに変換する

［選択］ツール でガイドに変換するパスオブジェクトを選択して❶、メニューから［表示］→［ガイド］→［ガイドを作成］選択すると❷、オブジェクトをガイドに変換できます❸。この機能を利用すれば、さまざまな形状のガイドを作成できます。

Short cut
ガイドを作成
Mac: ⌘ + 5　　Win: Ctrl + 5

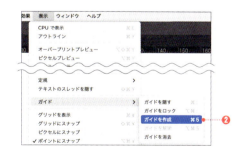
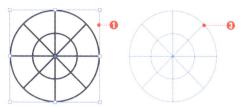

Lesson 2-9 印刷機能をマスターする

Sample_Data/2-9/

Illustratorで制作したアートワークやグラフィックを、プリンタで適切に印刷するには、Illustratorの印刷機能を理解しておくことが必要です。

[プリント]ダイアログの基本

ドキュメントを印刷するには、メニューから[ファイル]→[プリント]を選択して❶、ダイアログを表示します。

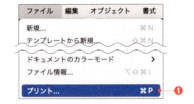

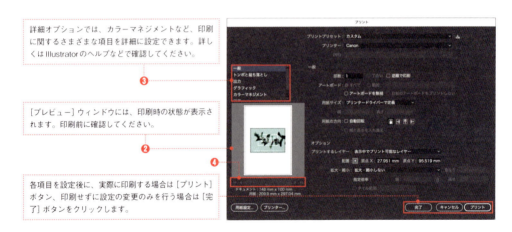

詳細オプションでは、カラーマネジメントなど、印刷に関するさまざまな項目を詳細に設定できます。詳しくはIllustratorのヘルプなどで確認してください。❸

[プレビュー]ウィンドウには、印刷時の状態が表示されます。印刷前に確認してください。❷

各項目を設定後に、実際に印刷する場合は[プリント]ボタン、印刷せずに設定の変更のみを行う場合は[完了]ボタンをクリックします。

[プリント]ダイアログの設定項目

名　称	概　要
プリントプリセット	あらかじめプリントプリセットを保存していた場合に、そのプリセットを選択する。今回の設定内容を新規に保存する場合は、右端のアイコンをクリックする。
プリンター	出力するプリンターを選択する。
PPD	PostScriptプリンターを使用するために必要な「PPDファイル」を選択する。
部数／丁合い／逆順で印刷	印刷枚数を指定する。複数のアートボードを含むドキュメントを印刷する際に、[丁合い]にチェックをつけると、一連の印刷物ごとに順次印刷される。また[逆順で印刷]にチェックを入れると、逆方向から印刷される。
アートボード	ドキュメントに複数のアートボード（→p.232）が含まれている場合に、どのアートボードを印刷するかを指定する。
用紙サイズ／用紙の方向	印刷用紙のサイズ（A4やA3など）と用紙の向きを指定する。
プリントするレイヤー	アートワークが複数のレイヤー（→p.119）で構成される場合に、印刷するレイヤーを指定する。全体を印刷する場合は初期値でもある[表示中でプリント可能なレイヤー]を選択する。
配置	印刷用紙のどこにアートボードを配置するかを指定する。初期値は用紙の中央にアートボードが配置され、座標値には用紙の左上の値が表示される。基準点を指定すると、指定した箇所で用紙とアートボードが揃う。また[プレビュー]ウィンドウ内をドラッグして位置を変更可能❷。
拡大・縮小	アートボードをどの大きさで印刷するかを指定する。[拡大・縮小しない]を選択すると、そのままの状態で印刷し、[用紙サイズに合わせる]を選択すると、指定した用紙の大きさに合わせて、アートボードが自動的に拡大・縮小されて印刷される。[タイル]については右ページを参照。
詳細オプション	トンボやカラーマネジメントなど、さまざまな項目を細かく設定できる❸。
アートボードの選択	ドキュメントに複数のアートボードが含まれている場合に、プレビューするアートボードを指定する❹。

プリントする範囲を移動する

用紙サイズよりも大きいアートボードの、一部分のみをプリントしたい場合は、設定されている「プリントする範囲」を移動します。

右図ではA3のアートボード上に、片面がB5のページが見開き（B4サイズ横）で配置されており、片面のみをA4サイズでプリントします。

01 メニューから［表示］→［プリント分割を表示］を選択して、プリントされる範囲を表示します❶（外側の点線が用紙サイズを、内側の点線が印刷可能範囲を示します）。なお、ここで表示される範囲は［プリント］ダイアログの［用紙サイズ］に設定してあるサイズです。

02 ツールバーから［プリント分割］ツールを選択して❷、ドキュメント上をクリックしてプリント範囲を設定します。これでプリントする範囲を移動することができました❸。

> ツールバーの［プリント分割］ツールのアイコンをダブルクリックすると、移動したプリント分割をアートボードの中央に配置できます。

複数の用紙に分けてプリントする

プリンターの用紙サイズよりも大きいアートボードのアートワークをプリントしたい場合は、［プリント］ダイアログで［タイル］の設定を行い、アートボードを複数の用紙に分割してプリントします。

ここでは、B3のアートボードをA4の用紙4枚に分けてプリントします。

01 ［プリント］ダイアログを表示して、プリンターを選択し、［用紙サイズ：A4］［用紙の方向：縦（上向き）］に設定し❹、［オプション］セクションの［拡大・縮小］プルダウンメニューから［タイル（プリント可能範囲）］を選択します❺。
［プレビュー］ウィンドウを確認すると、B3のアートボードが点線で4分割されていることが確認できます❻。
［完了］ボタンをクリックしてドキュメントに戻ります。

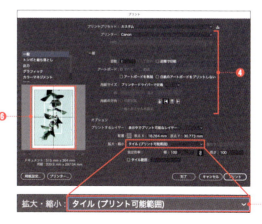

02 メニューから［表示］→［プリント分割を表示］を選択すると、A4サイズに4分割されていることが確認できます❼。

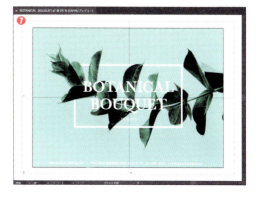

Lesson 2-10 オブジェクトの選択・消去・移動

Sample_Data/2-10/

Illustratorでは、オブジェクトに対するすべての操作は、「操作対象のオブジェクトを選択すること」からはじまります。そのため、オブジェクトを選択する方法や、選択解除する方法は必修です。

📁 オブジェクトを選択する

Illustratorのアートボード上にあるオブジェクトを選択するには、ツールバーから[選択]ツール ▶ を選択して❶、対象のオブジェクトをクリックします❷。

すると、オブジェクトが選択されて、バウンディングボックス（➡p.64）が表示されます。

📁 複数のオブジェクトを選択する

一度の操作で複数のオブジェクトを選択するには、[選択]ツール ▶ でアートボード上をドラッグします❸。

ドラッグすると「マーキー」と呼ばれる、点線長方形が表示されます。このマーキーで囲まれたオブジェクトを選択できます❹。

📁 選択を解除する

選択中のオブジェクトの選択を解除するには、[選択]ツール ▶ でアートボード上の余白部分をクリックします❺。

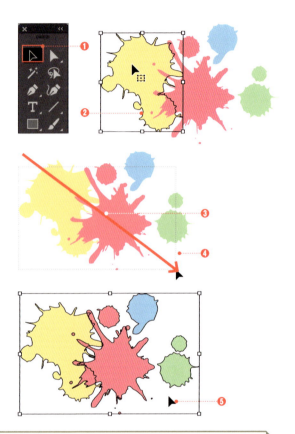

> **Memo**
> すでに何らかのオブジェクトを選択している状態で、さらに別のオブジェクトを追加で選択する場合は、[shift]を押しながら追加するオブジェクトをクリックします❻。すると、クリックしたオブジェクトも選択できます。
> また、複数のオブジェクトを選択した状態で、特定のオブジェクトのみを、選択対象から除外する場合は、[shift]を押しながら除外したいオブジェクトをクリックします。

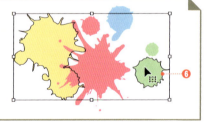

> **Memo**
> [選択]ツール ▶ でオブジェクトを選択した際に、バウンディングボックスとパスの境界線だけではなく、アンカーポイントも強調表示するには、メニューから[Illustrator]（Windowsは[編集]）→[設定]→[選択範囲・アンカー表示]を選択して[環境設定]ダイアログを表示し、[選択ツールおよびシェイプツールでアンカーポイントを表示]にチェックをつけて有効にします。この設定にすると、選択したオブジェクトが判別しやすくなる場合があります。

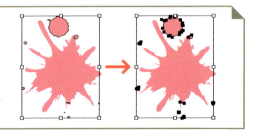

48

🟡 オブジェクトを消去する

不要なオブジェクトを消去するには、[選択]ツール でオブジェクトを選択して❶、メニューから[編集]→[消去]を選択するか、Delete (Back space)を押します。すると、選択中のオブジェクトを消去できます❷。

> **Memo**
> オブジェクトを消去すると元に戻せなくなります。そのため、後で再度使用する可能性がある場合は、消去するのではなく、アートボードの外側の領域であるカンバスに複製を残しておくといざというときに役立ちます。または、一時的に非表示にすることをお勧めします（→p.122）。

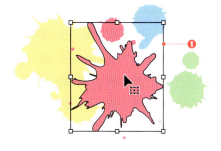

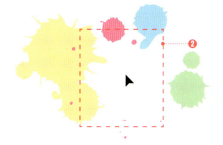

🟡 オブジェクトを移動する

オブジェクトを移動するには、[選択]ツール でオブジェクトをドラッグします❸。または、選択した状態で、キーボードの矢印キー↑↓→←を押します。

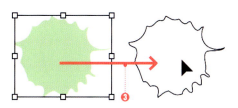

🟡 移動距離を指定する

ドラッグ操作によるオブジェクトの移動は、直感的でわかりやすいのですが、ミリ単位で正確に移動するのは困難です。

移動距離が明確に決まっているような場合は次の手順を実行します。

01 [選択]ツール でオブジェクトを選択して❹、メニューから[オブジェクト]→[変形]→[移動]を選択します。

02 [移動]ダイアログが表示されるので、[水平方向]と[垂直方向]の移動距離を入力して❺、[OK]ボタンをクリックします❻。すると、指定した位置にオブジェクトが移動します❼。

> **Memo**
> [移動]ダイアログの[コピー]ボタンをクリックすると、指定した位置にオブジェクトを複製できます。

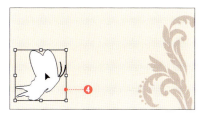

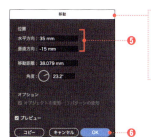

[選択]ツール、または[ダイレクト選択]ツールでオブジェクトを選択して、[Return (Enter)]を押して[移動]ダイアログを表示することもできます。

Lesson 2-11 操作の取り消し・やり直し

Sample_Data / 2-11 /

Illustratorでは、行った処理を取り消したり、やり直したりすることが可能です。この機能は、実作業で頻繁に利用することになるので、ここでしっかりと習得しておいてください。

操作の取り消し

実行した操作を取り消すには、メニューから [編集] → [○○の取り消し] を選択します。すると、直前に行った操作が取り消されて、1つ前の状態に戻ります。

右図では最後に [ジグザグ] 効果を適用しています（メニューから [効果] → [パスの変形] → [ジグザグ]）。この状態で、メニューから [編集] → [ジグザグの取り消し] を選択します❶。すると、アートワークが [ジグザグ] 効果の適用を行う前の状態に戻ります❷。

> **Short cut**
> 操作の取り消し
> Mac: ⌘ + Z　　Win: Ctrl + Z

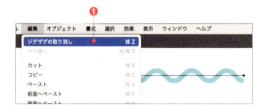

操作のやり直し

取り消した操作を、もう一度やり直すには、メニューから [編集] → [ジグザグのやり直し] を選択します❸。すると、直前に取り消した操作（右図ではジグザグ）が再度実行されます❹。

> **Short cut**
> 操作のやり直し
> Mac: ⌘ + shift + Z　　Win: Ctrl + shift + Z

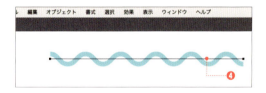

> **Memo**
> メニューから [ウィンドウ] → [ヒストリー] を選択して [ヒストリー] パネルを表示します。[ヒストリー] パネルを使用すると、実行した操作の履歴が表示されるので、操作名をクリックして操作を取り消すことができます。
> また、[新規ファイルを作成] ボタンをクリックして❺、その状態の新規ドキュメントを作成することもできます。

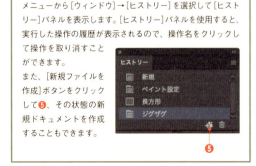

> **Memo**
> 操作の取り消しは command（Ctrl）を押した状態で、連続で Z キーを入力して、1つずつ操作を遡ることができます（デフォルトで100回、最大で200回まで取り消し可能）。取り消し回数はメニューから [Illustrator]（Windowsは [編集]）→ [設定] → [パフォーマンス] を選択し、[ヒストリー数] で確認・変更できます。
> ただし、いったんファイルを保存して閉じるとヒストリーは消えるので、直前の操作に戻ることはできません。操作の取り消し・やり直しの対象は「ファイルを開いてから、現在まで」となります。

Lesson 3

The Method of Drawing to Basic Shapes.

基本図形の描き方と変形操作

まずは基本図形の描き方から習得しよう！

本章では、Illustratorを使って円や長方形、多角形といった基本図形の描き方から解説をはじめます。また、その解説の流れのなかで、作成したオブジェクトの[塗り]や[線]にカラーを設定する方法も紹介します。自由自在にイラストを描くための「最初の第一歩」です。

Lesson 3-1 楕円形や正円を描く

Sample_Data / 3-1 /

楕円形や正円は［楕円形］ツール◉で描きます。基本的な操作方法はとてもシンプルですが、知っておくと便利なちょっとしたテクニックもあるので、ぜひ覚えておいてください。

基本図形の描き方（楕円形・正円）

楕円形や正円を描くには、次の手順を実行します。

01 最初に、ツールバー下部の［塗り］ボックスと［線］ボックスが、右図のように［塗り：白］［線：黒］になっていることを確認します❶。
もし右図と異なる場合は、［初期設定の塗りと線］ボタンをクリックします❷。

02 ツールバーの［長方形］ツール◻のアイコンを長押しして［楕円形］ツール◉を選択して❸、アートボード上をドラッグします❹。すると描画がはじまります。描画はマウスボタンをはなすまで確定されません。マウスボタンをはなすと楕円形を描画できます❺。

03 描画したらキーボードの⌘（Ctrl）を押しながら、アートボード上の余白部分をクリックします。すると、選択状態が解除されます❻。
なお、このようにして描いたオブジェクトを「**パスオブジェクト**」と呼びます。

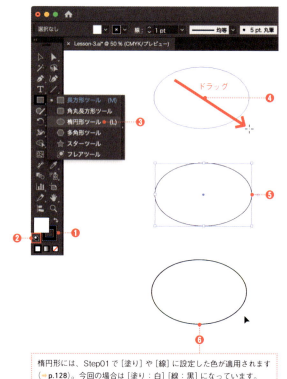

楕円形には、Step01 で［塗り］や［線］に設定した色が適用されます（→p.128）。今回の場合は［塗り：白］［線：黒］になっています。

> **Memo**
> ［楕円形］ツール◉にはショートカットキー[L]が割り当てられています。そのため、他のツールを使用時に[L]を入力することで簡単にツールを切り換えられます。

ここも知っておこう！ ▶ 正円を描く方法

［楕円形］ツール◉でアートボード上をドラッグする際に、[shift]を押しながらドラッグすると、縦横の比率が固定されて、正円になります。
また、描画中に[option]（[Alt]）を押すと、円の中心点から外に向かって円を描画できます。一度実際に試してみてください。[shift]と[option]（[Alt]）を同時に組み合わせることも可能です。

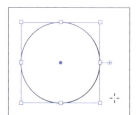

オブジェクトの色を変更する

描画したパスオブジェクトの色を変更します。ここでは[コントロール]パネルを表示し、[コントロール]パネルの操作でカラーの設定を行います。次の手順を実行します。

01 ⌘（Ctrl）を押しながら、パスオブジェクトをクリックして選択し❶、[コントロール]パネルの[塗り]をクリックします❷。[スウォッチ]パネルが表示されるので、任意のカラースウォッチをクリックします❸。
すると、白色だった円の内側が指定した色になります。この部分をパスオブジェクトの[塗り]と呼びます。

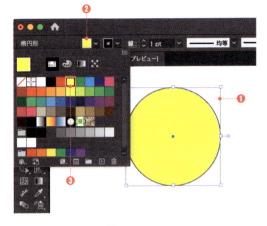

02 同様に、今度は[線]をクリックして❹、任意のカラースウォッチをクリックします❺。
すると、黒色だったパスオブジェクトのふちが指定した色になります（線幅が細いため右図では見えづらいです）。この部分をパスオブジェクトの[線]と呼びます。

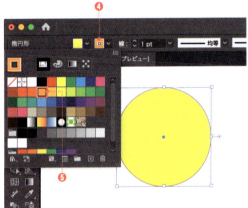

パスオブジェクトの線幅を変更する

描画したパスオブジェクトの線幅を変更するには、次の手順を実行します。

01 ⌘（Ctrl）を押しながら、パスオブジェクトをクリックして選択し❶、[コントロール]パネルの[線幅]のプルダウンをクリックして❷、プルダウンメニューから「5 pt」を選択します❸。
すると、[線]の線幅が太くなります。

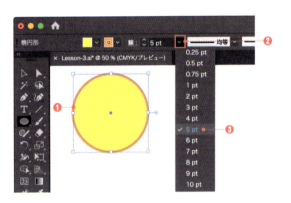

> **ここも知っておこう！** ▶ **内接円と外接円**

[楕円形]ツール◯で楕円形や正円を描画する際に、⌘（Ctrl）を押しながらアートボード上をドラッグすると、始点と終点上を通る楕円形（**外接円**）が描画されます。通常のドラッグによる描画は始点と終点を結ぶ長方形内に収まる楕円形（**内接円**）です。

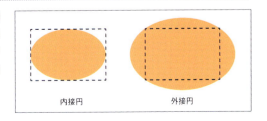

Lesson 3 | 基本図形の描き方と変形操作

Sample_Data / 3-2 /

正多角形を描く

正多角形は［多角形］ツール◉で描きます。基本的な操作方法は前項の［楕円形］ツール◉と同じですが、辺の数や角度調整などの機能も用意されています。

正三角形を描く

正多角形の描き方は、頂点の数に関わらず同じです。ここでは正三角形の描き方を例に解説します。

正三角形を描くには、次の手順を実行します。

01 ［コントロール］パネルで［塗り］に任意の色を設定し、また［線］には［なし］（白地に赤い斜線）を選択します❶。［なし］とは文字通り「何もない」という意味で、［線］も［線幅］もなしです。

02 ツールバーで［多角形］ツール◉を選択して❷、アートボード上をドラッグします❸。ドラッグを開始すると、Illustratorの初期設定では正六角形が描画されます。

03 ドラッグを続けている状態のまま、マウスボタンをはなさずに、キーボードの↓を押します。すると、辺の数が1つ減り、正五角形になり、続けてさらに2回↓を押すと正三角形になります。マウスをはなすと、右図のような正三角形が描画されます❹。

04 描画したらキーボードの⌘（Ctrl）を押しながら、アートボード上の余白部分をクリックして、選択状態を解除します。

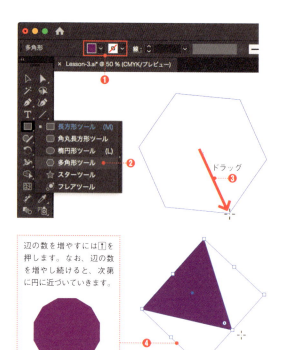

辺の数を増やすには↑を押します。なお、辺の数を増やし続けると、次第に円に近づいていきます。

Memo
いったん正三角形を描画すると、次回［多角形］ツール◉を使用する際の初期値は正三角形になります。ツールバーの設定値はIllustratorを再起動するまで保持されます。

ここも知っておこう！ ▶ 角度を固定して多角形を描く方法

［多角形］ツール◉でアートボード上をドラッグする際に、shiftを押しながらドラッグすると、多角形の角度が固定されます。この場合は、先にマウスボタンをはなしてから、shiftをはなします。

🟨 星形のオブジェクトを描く

星形のオブジェクトを描画するには、次の手順を実行します。

| 01 | 今回は［塗り］にグラデーションを設定してみます❶❷。なお、［線］は［なし］に設定します❸（グラデーションの設定➡p.138）。 |

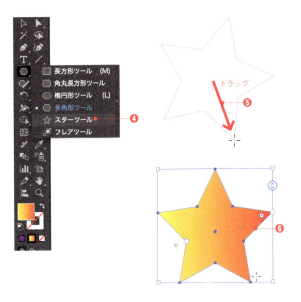

| 02 | ツールバーで［スター］ツール☆を選択して❹、アートボード上をドラッグします❺。なお、ドラッグ開始後に shift を押すと、角度が固定されて1つの角を頂点とする星型になります。ドラッグする方向によって星形の角度が変わるので、いろいろと試してみてください❻。 |

> **Memo**
> ドラッグを開始後に option （ Alt ）を押すと、対応する2辺が直線上に揃った星形を描画できます。
>
>
>
> 五芒星　六芒星　八芒星

🟨 ギザギザの図形を描く

［スター］ツール☆を使用すると、星形のオブジェクトだけでなく、さまざまな形状の図形も描画できます。

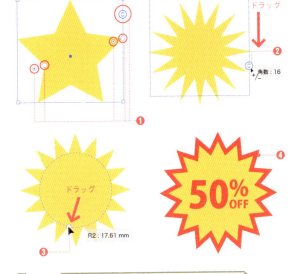

| 01 | ［スター］ツールで描画したオブジェクトには、さまざまな変形操作を行うことができる「ウェイジェット」が表示されます❶。
［角数］ウィジェットをドラッグして❷、角数を増減することができます。ここでは角数を16に増やしています |

| 02 | ［第1半径］、［第2半径］ウィジェットをドラッグして、それぞれの角の角度を調節できます。ここでは［第2半径］を移動して角の角度を緩やかに調整しています❸。
最後にテキストを配置して調整し、プライスダウンマークを作成しました❹。 |

> **Memo**
> ［スター］ツールで描画中に、キーボードの↑や↓を入力すると角の数を増減できます。また、描画中に⌘（ Ctrl ）を押すと第2半径の値を固定できるので、角の角度を調節できます。

長方形と角丸長方形を描く

Sample_Data / 3-3 /

長方形や角丸長方形は、[長方形]ツール、または[角丸長方形]ツールで描きます。基本的な操作方法は前項までに解説してきた楕円形や多角形の描き方と同じです。

長方形の基本的な描き方

長方形や角丸長方形を描くには、次の手順を実行します。

01 今回は[塗り]の色を[カラー]パネルで設定します。
[コントロール]パネルで[線：なし]に設定したうえで❶、shiftを押しながら[塗り]をクリックします❷。すると、[カラー]パネルが表示されます❸。スライダーや数値を操作して、任意の色を設定します（→p.129「[カラー]パネルの操作」）。

02 ツールバーから[長方形]ツールを選択して❹、アートボード上をドラッグし、任意のサイズでマウスボタンをはなします❺。すると長方形が描画できます。
同様の操作で、[角丸長方形]ツールを選択すれば❻、角丸長方形を描画できます❼（ここでは[塗り]に水色を設定しています）。

> **Memo**
> shiftを押しながらドラッグすると正方形、または角丸正方形を描画できます。またoption（Alt）を押しながらドラッグすると中心から図形を描画できます。

角丸長方形の角丸の半径

描画する角丸長方形の角丸の半径は、ドラッグ中のキー操作で変更できます。

↑を押すと半径が徐々に大きくなり❶、→を押すと半径が一気に最大値になります❷。反対に、↓を押すと半径が徐々に小さくなり、←を押すと半径が0になります（普通の長方形になります）。

また、正確なサイズの角丸長方形を描画する場合は、ツールバーで[角丸長方形]ツールを選択後、アートボード上の任意の箇所をクリックします。すると、右図のような[角丸長方形]ダイアログが表示されるので、数値で正確に指定できます❸。

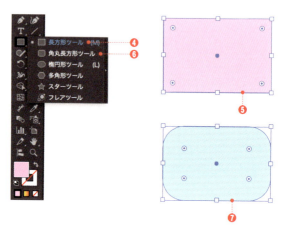

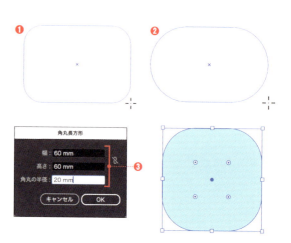

Lesson 3-4 ライブシェイプを理解する

Sample_Data/3-4/

［楕円形］ツール◯、［長方形］ツール▭、［多角形］ツール⬟などで描画したパスオブジェクトは、ドラッグ操作で素早く、または［変形］パネルで数値を指定して精確に何度でも変形することができます。

🔖 ライブシェイプとは

［長方形］ツール▭、［角丸長方形］ツール⬜、［多角形］ツール⬟、［楕円形］ツール◯、［Shaper］ツール✐、［直線］ツール／、［スター］ツール☆で描画したパスオブジェクトを、「**ライブシェイプ**」と呼びます。

ライブシェイプは、オブジェクトのサイズ、角の形状、角の半径、回転角度、辺の数などが、ライブシェイププロパティとして、［変形］パネルに記憶されます❶。

左は［多角形］ツールで描画した多角形のプロパティです。辺の数、回転角度、角の形状、角の変形、多角形の半径、辺の長さを確認・編集できます。

🔖 ウィジェットによる変形

各ライブシェイプには「**ウィジェット**」と呼ばれる、直感的なドラッグ操作でさまざまな変形が可能なハンドルが搭載されています。

ライブ長方形では、［コーナーウィジェット］❷をドラッグしてコーナーの形状を変形できます❸。

ライブ多角形では、［辺ウィジェット］❹をドラッグして辺の数を増減できます❺。

ライブ楕円形では、［円ウィジェット］❻をドラッグして円グラフの形状に変形できます❼。

これらの操作は［変形］パネルのライブシェイププロパティから、数値を指定して変更できます。

🔖 ライブシェイプの拡張

各ライブシェイプは、とても便利な機能ではありますが、ひし形の変形（→ p.58）のように、「プロパティを必要としない変形操作」を行う場合は、ライブシェイプを拡張して、プロパティを破棄します。

メニューから［オブジェクト］→［シェイプ］→［シェイプを拡張］選択します❽。

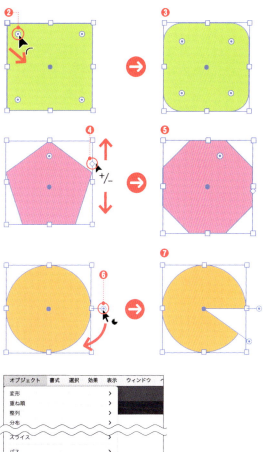

ライブシェイプオブジェクトを選択した際に［プロパティ］パネルに表示される［シェイプを拡張］ボタンをクリックして拡張することもできます。

Sample_Data / 3-5 /

ひし形や直角二等辺三角形を描く

ひし形や直角二等辺三角形も基本図形の1つですが、Illustratorにはこれらの図形を描画するための専用のツールは用意されていません。ここで紹介する方法で描画します。

📙 ひし形の描き方

Illustratorには、ひし形を描くための専用のツールはありません。正方形を変形してひし形を描きます。

01 ［コントロール］パネルで［塗り］に任意の色を設定し、［線：なし］に設定します❶。
ツールバーから［長方形］ツール ■ を選択して❷、 shift を押しながらドラッグして、適当なサイズの正方形を描きます❸。

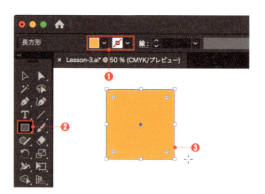

02 ツールバーから［選択］ツール ▶ を選択して、ハンドルの外側にマウスポインターを移動し、マウスポインターの形状が右図のようになったら❹、 shift を押しながら、回転させるようにドラッグして、45°回転します❺。

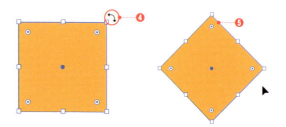

03 ライブシェイプ長方形を拡張します。メニューから［オブジェクト］→［シェイプ］→［シェイプを拡張］を選択してライブ長方形を拡張します❻。ライブ長方形を拡張すると、「ハンドル」の形状が若干小さなバウンディングボックスになり、またライブシェイプ長方形のウィジェットが消えます❼。

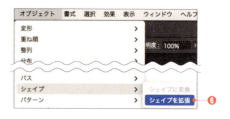

> **Memo**
> ［シェイプを拡張］は［プロパティ］パネルから行うこともできます。ライブシェイプ長方形を拡張すると、［変形］パネルの［長方形のプロパティ］が［シェイプの属性なし］になります❽。ライブシェイプ長方形については p.57 を参照してください。

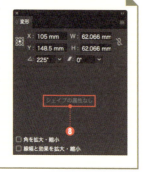

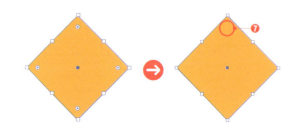

| 04 | 続けてメニューから [オブジェクト] → [変形] → [バウンディングボックスのリセット] を選択します❾。
すると、バウンディングボックスの向きがリセットされて、XY軸に対して水平・垂直にオブジェクトを囲うように表示されます❿。 |

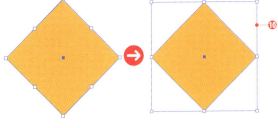

| 05 | 最後にバウンディングボックスの下中央のハンドルを、上方向にドラッグします⓫。これでオブジェクトの上下の高さを調整できます。任意の形のひし形にすれば完成です。 |

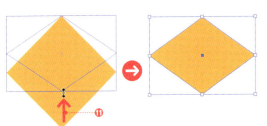

直角二等辺三角形を描く

ここでは先に作成したひし形を用いて、直角二等辺三角形を描きます。

| 01 | ツールバーから [ダイレクト選択] ツール を選択して❶、下のアンカーポイントを囲むようにドラッグして❷、選択します❸。 |

| 02 | コンテキストタスクバー、および [コントロール] パネル、[プロパティ] パネルに [選択したアンカーを削除] ボタンが表示されるので、ボタンをクリックします❹。
すると、アンカーポイントが削除されて、直角二等辺三角形になります❺。 |

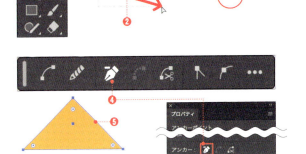

ここも知っておこう! ▶ 選択系ツールのショートカット

Illustratorでは、アートワーク制作の作業中、頻繁に [選択] ツール や [ダイレクト選択] ツール を使用することになります。これらのツールはオブジェクトを選択する場合だけでなく、上記のように変形したり、加工したりする際にも利用します。そのため、これらのツールに関してはショートカットキーを覚えておくことをお勧めします。毎回ツールバーから選択するのは面倒です。[選択] ツール は V 、[ダイレクト選択] ツール は A です。

Sample_Data / 3-6 /

3-6 正確なサイズの図形を描く

Illustratorでは、ドラッグ操作による直感的な描画だけでなく、数値指定による「正確な描画」も行えます。描画する図形の目的や用途に応じて、適切な方法を選択してください。

数値指定と単位

例えば「30ptってどれくらいですか？」と聞かれて、即座に「これくらいですよ」と答えられる人はそういないと思います。

一方、「3cmってどれくらいですか？」と聞かれれば、大抵の人は指や手を使って「これくらい」と答えられるでしょう。

日本は多くの単位にメートル法を採用しているので、ポイント (pt) やインチ (inch) よりも、ミリやセンチのほうが馴染みがあると思います。

このことからもわかるとおり、正確なサイズで図形を描くためには、その準備段階として、**Illustratorで扱う「単位」をきちんと設定・理解しておくことが大切です**。Illustratorでは次の手順で単位を設定できます。

01 メニューから [Illustrator]（Windowsは [編集]）→ [設定] → [単位] を選択して❶、[環境設定] ダイアログ（単位）を表示します❷。

> **Memo**
> [環境設定] ダイアログは、[選択] ツール で何も選択していない状態の [プロパティ] パネルに表示される [環境設定] ボタンを押すことでも表示できます。

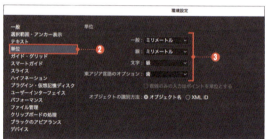

02 [単位] セクションの各単位を以下のように設定して❸、[OK] ボタンをクリックします。

- 一般：ミリメートル
- 線：ミリメートル
- 文字：級
- 東南アジア言語のオプション：歯

03 変更した単位が、各パネルやダイアログに反映されます。
なお、本書では、以降のページより、ここで設定した単位を使用して解説を行います。

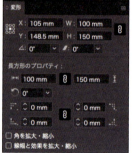

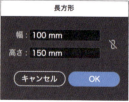

> **Memo**
> 本書では、家庭用プリンターでの印刷や、商用印刷物の制作を目的とするため、日本人の感覚に馴染みやすく、かつ印刷業界やDTP業界で広く利用されている単位を使用します。ただし、制作する内容によっては、適宜、単位やカラーモードなどを変更します。

◆ [環境設定] ダイアログ (単位) の設定項目

名　称	概　要
一般	パスオブジェクトを作成する際に指定する単位や、[変形] パネル、定規、ガイドやグリッドの間隔、効果の適用サイズなどの単位。
線	パスオブジェクトの [線] の [線幅] の単位。
文字	文字のサイズの単位。
東アジア言語のオプション	行送りやインデントなどのサイズの単位。このオプションは [環境設定] ダイアログの [テキスト] カテゴリにある [東南アジア言語のオプションを表示] がオンの場合のみに設定可能。

正確なサイズの楕円形を描く

ドラッグ操作による直感的な描画ではなく、数値を指定して正確なサイズのパスオブジェクトを描画するには、次の手順を実行します。ここでは [楕円形] ツール ◯ を例に紹介します。

01 ツールバーから [楕円形] ツール ◯ を選択して ❶、アートボード上をクリックします ❷。

02 [楕円形] ダイアログが表示されるので、[縦横比を固定] をオフにしたうえで ❸、[幅：90mm] [高さ：60mm] と入力して ❹、[OK] ボタンをクリックします。なお、数値のみの入力で単位の入力は省略できます。

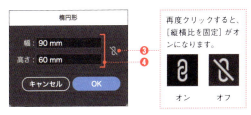

03 指定した値の楕円形が描画されます ❺。今回は [楕円形] ツール ◯ を例に紹介しましたが、この操作は [長方形] ツール ▢ や [多角形] ツール ⬢、[スター] ツール ☆ の場合も基本的に同じです。試してみてください。

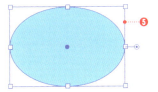

ここも知っておこう！ ▶ **さまざまな単位**

[環境設定] ダイアログの [単位] セクションのプルダウンメニューを表示するとわかるように、さまざまな単位を設定できます。例えば、[パイカ] は主に欧米で使用されている印刷用の単位です。

- 1 パイカ (1p) = 12 ポイント
- 1 ポイント (1pt) = 1/72 インチ
- 1 インチ (1in) = 25.4mm

また [級] (Q) や [歯] (H) は紙媒体を主とした印刷業界や DTP 業界で古くから使用されている単位です。グラフィックデザイナーは習得必須の単位といえます。文字サイズは級数 (Q)、行送り量は歯数 (H) で指定します。

- 1 級 (1Q) = 0.25mm (1mm の 1/4)
- 4Q (4H) = 1mm

Lesson 3-7 ［変形］パネルを使った変形

Sample_Data/3-7/

パスオブジェクトを描画後に、数値を指定して変形するには、［変形］パネルを使います。複雑な形状のパスオブジェクトを最初から数値指定で描くのは至難の業なので、［変形］パネルの操作を習得しておきましょう。

［変形］パネルの構成

［変形］パネルには、選択中のオブジェクトに関する次の情報が表示されます❶。

- X：水平方向の座標
- Y：垂直方向の座標
- W：オブジェクトの幅
- H：オブジェクトの高さ

また［基準点］を指定できます❷。アイコンをクリックして［基準点］を変更すると、クリックした箇所の座標値を確認でき、また変形の際の基準点になります。

パネルに数値を入力する際には、パネル上の文字（ここでは「W」の部分）をクリックします。すると入力欄の文字が選択状態になります。他のパネルでも同様に動作します。

［変形］パネルの操作は、［コントロール］パネルや［プロパティ］パネルから行うこともできます。

［変形］パネルの基本操作

任意のパスオブジェクトを選択し、［変形］パネルで数値を変更すると、指定した数値に変形できます。例えば、右図のように［H］の値を変更すると❸、その値に応じて、選択中のパスオブジェクトも変形します❹。

なお、Illustratorでは、単位の指定を省略すると、［環境設定］ダイアログ（単位）に設定されている単位が自動的に補完されます（→p.60）。また、任意の単位を入力して指定することも可能です。

 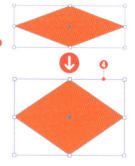

四則演算

Illustratorでは、［変形］パネルなどの入力ボックスに数値を入力する際に、加算（足す）、減算（引く）、乗算（掛ける）、除算（割る）の四則演算を指定できます。加算は ＋、減算は －、乗算は ＊、除算は ／ を入力します。

例えば図の高さを1/3に縮小したい場合は、［変形］パネルの［縦横比を固定］ボタンをクリックして解除したうえで❺、［H］の最後尾に「/3」と入力して、Return（enter）を押します❻。すると計算後の値が自動入力されます❼。同様に、125％に拡大したい場合は「*1.25」、6mm追加したい場合は「+6」のように入力します。

COLUMN

その他の描画系ツール

Illustratorには、ここまでに紹介してきたさまざまな描画系ツールの他に、次のツールも用意されています。

- ［直線］ツール
- ［円弧］ツール
- ［スパイラル］ツール
- ［長方形グリッド］ツール
- ［同心円グリッド］ツール

基本的な使い方は、ここまで解説してきた［楕円形］ツールや［長方形］ツールなどと同じです。ドラッグによる直感的な描画とダイアログを用いた数値指定の両方で、パスオブジェクトを描画できます。

右図では、［直線］ツールや［円弧］ツールを使用して、シンプルな図形を描画しています❶❷。ツールオプションのダイアログを見るとわかるとおり、各項目を細かく設定できます。

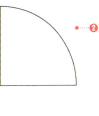

▶ その他の描画系ツール

ツール名	概　要
直線	長さと角度を指定して直線を描画できる。
円弧	勾配を指定して円弧を描画できる。
スパイラル	渦の数や渦の間隔を調節しながら、渦巻きを描画できる。
長方形グリッド	数や間隔を調節しながら、升目状のグリッドを描画できる。
同心円グリッド	数や間隔を調節しながら、同心円状のグリッドを描画できる。

Lesson 3-8 バウンディングボックスの操作による変形

Sample_Data/3-8/

[選択]ツールでオブジェクトを選択した際に表示される「バウンディングボックス」を操作すると、オブジェクトを直感的な操作で変形できます。拡大・縮小、回転、反転なども、すべてドラッグ操作で行えます。

バウンディングボックスの基本操作

[選択]ツールでオブジェクトを選択すると、オブジェクトの周りに「バウンディングボックス」が表示されます。

バウンディングボックスには、4つのコーナーと4辺の中央に合計8個の「ハンドル」(白抜きの正方形)が表示されます❶。このハンドルをドラッグすることで、直感的にオブジェクトを変形できます。

バウンディングボックスを表示・非表示

バウンディングボックスが表示されない場合は、メニューから[表示]→[バウンディングボックスを表示]を選択します❷。

また、非表示にする場合は、メニューから[表示]→[バウンディングボックスを隠す]を選択します❸。

なお、バウンディングボックスは[ダイレクト選択]ツールでオブジェクトを選択した際には表示されません。

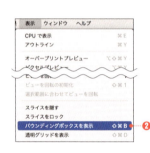 

拡大・縮小

オブジェクトを拡大、または縮小するには、ハンドルの上にマウスポインターを合わせて、ポインターの形状が右図のようになったところで❹、ドラッグします。外側に向かってドラッグすると拡大❺、内側に向かってドラッグすると縮小します。

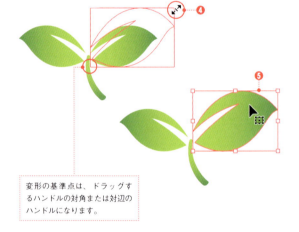

変形の基準点は、ドラッグするハンドルの対角または対辺のハンドルになります。

ここも知っておこう！ ▶ 入力キーとの組み合わせ

長方形や楕円形のパスオブジェクトの描画時と同様に、バウンディングボックスの操作時も、ドラッグ中に[shift]や[option]([Alt])を組み合わせることができます。[shift]を押しながらドラッグすると、縦横比を保ちながら拡大・縮小を行うことができ、[option]([Alt])を押しながらドラッグすると、オブジェクトの中心を基準に変形できます。

ただし、バウンディングボックスのドラッグによる変形は、あくまでも直感的に変形したい場合に向いている変形方法です。正確な形状に変形したい場合は、各種変形ツールや[変形]パネルを使用してください(→ p.62)。

🔄 回転

オブジェクトを回転するには、ハンドルの少し外側にマウスポインターを近づけて、ポインターの形状が右図のようになったところで❶、ドラッグします❷。すると、オブジェクトを回転できます❸。なお、回転の基準点はバウンディングボックスの中心になります。

> **Memo**
> shift を押しながらドラッグすると、45°刻みで回転できます。

> **Memo**
> 回転の基準点を設定して回転したい場合は、[回転]ツール ◎ を使用します。

🔄 反転（リフレクト）

オブジェクトを反転（リフレクト）するには、ハンドルを対辺または対角方向にドラッグします❹。すると、右図のように反転（リフレクト）できます❺。

> **Memo**
> 縦横比を保持したまま反転（リフレクト）や反転複製する場合は、[リフレクト]ツール ◎ を使用します（→ p.66）。

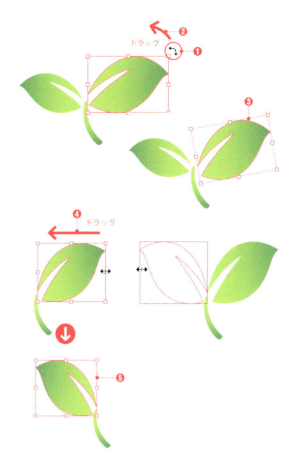

ここも知っておこう！ ▶ バウンディングボックスのリセット

オブジェクトを回転すると、バウンディングボックスも同じように傾きます。このままでも利用上は問題ありませんが、変形後の状態を起点に他の変形作業などを行う場合、バウンディングボックスをいったんリセットしたほうが便利な場合もあります。

バウンディングボックスの傾きをリセットするには、メニューから[オブジェクト]→[変形]→[バウンディングボックスのリセット]を選択します❶。すると、オブジェクトの形状はそのままに、バウンディングボックスの傾きだけがリセットされます❷。

なお、シェイプ長方形やシェイプ楕円形、シェイプ多角形のバウンディングボックスの向きをリセットするには、メニューから[オブジェクト]→[シェイプ]→[シェイプを拡張]を選択して❸、シェイプを拡張してから[バウンディングボックスのリセット]を実行します。

Lesson 3-9 拡大・縮小、回転、傾斜、反転変形する

Sample_Data / 3-9 /

［回転］ツール、［リフレクト］ツール、［拡大・縮小］ツール、［シアー］ツールは、オブジェクトをドラッグして直感的な操作で変形したり、ダイアログを表示して数値指定で正確に変形を行うことができます。

各種変形ツールの使い方

［回転］ツール❶、［リフレクト］ツール❷、［拡大・縮小］ツール❸、［シアー］ツール❹、これらはIllustratorで頻繁に使用する変形ツールなので、基本操作をしっかりと覚えましょう。

これらの変形ツールには、次の3通りの使い方があります。

- ダイアログを表示して数値指定で変形する
- 基準点を設定してドラッグで変形する
- 基準点を設定してダイアログを表示し、数値指定で変形する

具体的な使用例を元に解説をしていきます。

メニューから［オブジェクト］→［変形］の赤枠で囲んだコマンドと対応しています。

ダイアログを表示して数値指定で変形する

ここでは［拡大・縮小］ツールでオブジェクトを70%縮小します。

01 ［選択］ツールでオブジェクトを選択してから❶、ツールバーの［拡大・縮小］ツールのアイコンをダブルクリックします❷。

02 ［拡大・縮小］ダイアログが表示されるので、［縦横比を固定：70%］に設定して❸、［OK］ボタンをクリックします。
オブジェクトを指定倍率で縮小できます❹。

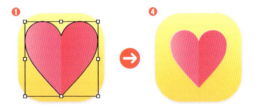

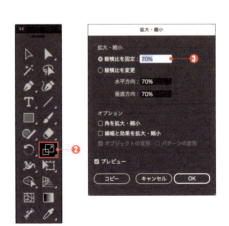

> **Memo**
> 各変形ツールで、各変形ダイアログを表示するには以下の方法があります。
> - メニューから［オブジェクト］→［変形］から選択
> - ツールバーのツールアイコンをダブルクリック
> - ツールを使用時に return （enter）を入力
> - 基準点に設定する箇所を option （Alt）クリック

| ここも知っておこう！ | ▶ 線幅と効果も拡大・縮小する |

[線幅と効果を拡大・縮小]にチェックをつけると、拡大・縮小の変形時に線幅と効果も拡大・縮小されます。状況に応じて適宜チェックをつけます。

なお、[線幅と効果を拡大・縮小]の設定は、一度変更するとすべての変形操作に適用されます。

メニューから[Illustrator]（Windowsでは[編集]）→[設定]→[一般]や、[変形]パネルからも設定できます。

効果と複数の線幅が設定されたテキストオブジェクトを、[線幅と効果を拡大・縮小]にチェックをつけずに、25％縮小したため、文字の装飾が崩れてしまいました。このような場合は[線幅と効果を拡大・縮小]にチェックをつけてから変形を行います。

基準点を設定して変形する

ここでは[シアー]ツールでドラッグしてオブジェクトを傾斜します。

01 [選択]ツールでオブジェクトを選択してから、ツールバーから[シアー]ツールを選択します❶。
すると、オブジェクトの中心部分に、変形の基準点が表示されます❷。この状態でドラッグするとこの基準点を元に変形されます。

02 オブジェクトの左下をクリックします❸。そうするとクリックした箇所が基準点に設定されます。この状態で左上あたりを右方向へドラッグして変形します❹。

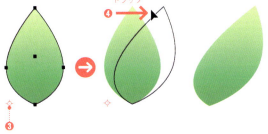

基準点を設定してダイアログを表示する

ここでは[回転]ツールで基準点を設定して、ダイアログを表示し数値入力でオブジェクトを回転します。

01 [選択]ツールでオブジェクトを選択してから、ツールバーから[回転]ツールを選択します❶。するとオブジェクトの中心部分に、変形の基準点が表示されます❷。

02 基準点に設定したい箇所を option (Alt)を押しながらクリックします❸。そうすると基準点が設定されると同時にダイアログが表示されます。
ここでは[角度：60°]に指定して❹、[コピー]ボタンをクリックしてオブジェクトを複製しました❺。

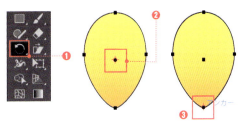
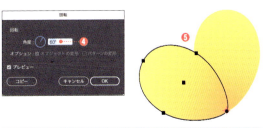

メニューから[表示]→[スマートガイド]を確認して、チェックをつけると、基準点を設定する際に、アンカーポイントなどを選びやすくなります。

Lesson 3-10 ［自由変形］ツールの使い方

Sample_Data / 3-10 /

［自由変形］ツール を使用すると、歪み変形を直感的な操作で行うことができ、簡単に遠近感を表現できます。またキー入力を組み合わせることで、ボタンを切り替えずに操作することもできます。

［自由変形］ツールの基本操作

ここでは右図のオブジェクトを用いて、［自由変形］ツール の基本操作を解説します。

［選択］ツール でオブジェクトを選択した状態で、ツールバーから［自由変形］ツール を選択します❶。

すると、「自由変形ツールバー」が表示されます❷。また、バウンディングボックスのハンドルの形状が、丸いハンドルに切り替わります❸。

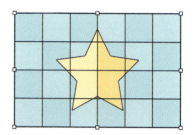

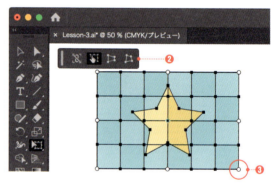

Memo
［自由変形ツールバー］には4種類のツールが用意されています。

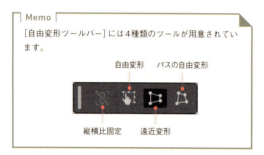

縦横比固定　自由変形　遠近変形　パスの自由変形

遠近変形

［自由変形ツールバー］の［遠近変形］を選択し❹、左上のハンドルを右方向へドラッグします❺。

すると、右上のハンドルも連動して左方向へ動き、遠近変形を行うことができます❻。

Memo
テキストオブジェクトや画像に対しては、拡大・縮小、回転、シアー変形のみ実行できます。［遠近変形］や［歪み変形］は適用できません。

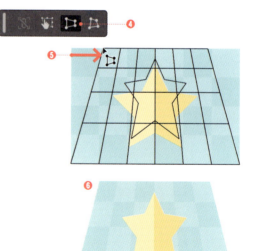

歪み変形

［自由変形ツールバー］の［パスの自由変形］を選択し❼、左上のハンドルを中心方向へドラッグします❽。

すると、左上のハンドルが中心方向へ動き、歪み変形になります❾。

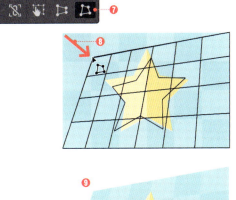

> **Memo**
> 変形の際に shift を押すか、または［縦横比固定］ボタンをクリックしてオンにすると、縦方向、または横方向の軸を固定できます。
> また、 option （ Alt ）を押すと、対角のコーナーハンドルが連動して動きます。

> **Memo**
> ［遠近変形］と［歪み変形］は、［自由変形］を選択した状態で、下記のキー入力操作を組み合わせて行うことができます。なお、変形を確定するには、キー入力よりも先にマウスボタンを離します。
> ［遠近変形］：ハンドルをドラッグし、ドラッグ開始直後に、⌘＋ option （ Ctrl ＋ Alt ）＋ shift を押して、ドラッグを続けます。
> ［歪み変形］：ハンドルをドラッグし、ドラッグ開始直後に、⌘（ Ctrl ）を押して、ドラッグを続けます。

拡大・縮小、回転、シアー（傾斜）変形

［自由変形ツールバー］の［自由変形］を選択して❿、コーナーハンドルをドラッグすると、オブジェクトを拡大・縮小できます⓫。

また、ハンドルの外側にマウスポインターを移動し、マウスポインターの形状が右図のようになった状態でドラッグすると、オブジェクトを回転できます⓬。

上部中央のハンドルを右方向へドラッグすると、シアー（傾斜）変形になります⓭。

> **Memo**
> ［縦横比固定］ボタンをクリックしてオンにすると、変形の際に下記のようになります。
>
> ・拡大・縮小の際に縦横比を固定
> ・回転の際には45°刻みで回転
> ・シアー変形の際には、縦方向、または横方向の軸を固定
>
> ［縦横比固定］ボタンがオフの場合は、 shift を押すと同様に動作します。

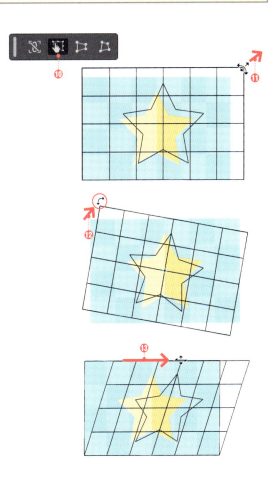

Lesson 3-11 複数のオブジェクトを個別に一括で変形する

Sample_Data/3-11/

複数のオブジェクトをまとめて選択して［個別に変形］ダイアログを設定すると、個々のオブジェクトの位置を変更せずに、［拡大・縮小］［移動］［回転］［リフレクト］などを個別に一括で実行できます。

［個別に変形］ダイアログの使い方

ここでは、配置した6つのアイコンを個別に縮小します。なお、個々のアイコンはグループ化（→p.114）してあります。

01 ［選択］ツール で6つのオブジェクトをすべて選択して❶、メニューから［オブジェクト］→［変形］→［個別に変形］を選択し❷、［個別に変形］ダイアログを表示します。

> **Memo**
> ［個別に変形］機能は、オブジェクトごとに変形処理を実行するので、必要に応じて、オブジェクトのグループ化や、グループ解除、複合パスに変換などを行うことが必要です。

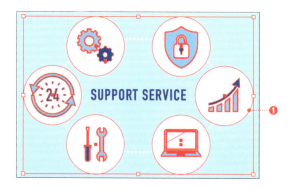

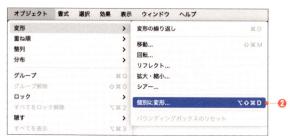

02 ［プレビュー］にチェックをつけて❸、変形の適用具合を確認しながら設定を行います。ここでは［拡大・縮小］セクションで［水平方向：70%］［垂直方向：70%］に設定します❹。また、［基準点］を中心に設定します❺。
設定したら、［OK］ボタンをクリックします❻。

03 ［個別に変形］が適用されて、各オブジェクトの中心を基準に、すべてのオブジェクトが一括で縮小されました❼。

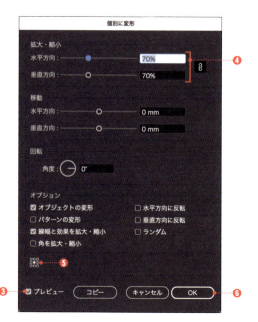

● [個別に変形] ダイアログの設定項目

項目	説明
[拡大・縮小] セクション	水平・垂直方向の拡大・縮小率を指定する。同じ値を入力して縦横比を固定する。
[移動] セクション	水平・垂直方向への移動距離を指定する。
[回転] セクション	[角度] を指定すると、基準点を中心に個別に回転できる。
オブジェクトの変形	チェックをつけると、選択中のオブジェクトに変形が適用される。
パターンの変形	チェックをつけると、選択中のオブジェクトの [塗り] のパターンに変形が適用される。
線幅と効果を拡大・縮小	チェックをつけると、拡大・縮小時に線幅や効果も拡大・縮小される。
角を拡大・縮小	チェックをつけると、拡大・縮小時にシェイプ長方形およびシェイプ多角形の角も拡大・縮小される。
垂直軸にリフレクト	水平・垂直方向へのリフレクトの有無を設定する。
水平軸にリフレクト	
ランダム	チェックをつけると、設定した数値の範囲内で、変形がランダムに行われる。
[基準点の位置を示す]	個々のオブジェクトの基準点の位置を設定する。

🐾 ランダムに変形する

[個別に変形] ダイアログで [ランダム] にチェックをつけると、指定した値の範囲内で、複数のオブジェクトをランダムに [拡大] [移動] [回転] することができます❶。

右図では [拡大・縮小] セクションで [水平方向：150%] [垂直方向：150%] に、[移動] セクションで [水平方向：5mm] [垂直方向：5mm] に、[回転] セクションで [角度：360°] に設定しました。

[プレビュー] のオン／オフを切り替えると、その都度、変形の適用度合いが変わります。

ここも知っておこう！ ▶ **類似のシェイプやオブジェクトを一括で選択して編集する**

[オブジェクトを一括選択] 機能を使用すると、複製して散りばめて配置した「パスオブジェクト」や「グループオブジェクト」、同じ形状の「シェイプ」などを一括で選択できます。そして編集内容をすべてのオブジェクトに反映できます。

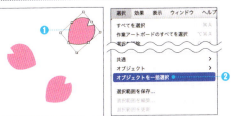

01 [選択] ツールで編集したいオブジェクトを一つ選択し❶、メニューから [選択] → [オブジェクトを一括選択] を選択します❷。

02 するとドキュメント内の類似するオブジェクトが一括で選択され、「ブルーの罫線」で囲まれた状態で表示されます❸。また、はじめに選択した一つのオブジェクトは「レッドのバウンディングボックス」で表示されます❹。

03 はじめに選択した一つのオブジェクトを編集すると❺、すべてのオブジェクトに編集が反映されます❻。ここでは「花びら」の形状を細長く変形し、[塗り] の色を変更しました。

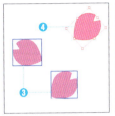
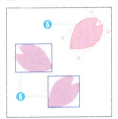

なお [オブジェクトを一括選択] は、オブジェクトを選択した際に、[プロパティ] パネルの [クイック操作] セクションに表示される [オブジェクトを一括選択] をクリックして行うこともできます。

Lesson 3-12 リピート機能でオブジェクトを放射状や格子状に配置する

Sample_Data / 3-12 /

リピート機能を使うと、簡単なハンドル操作でオブジェクトをリピート（繰り返し）して、ラジアル（放射状）やグリッド（格子状）、ミラー（鏡面反転）に配置することができます。

リピート機能とは

リピート機能には「ラジアル」、「グリッド」、「ミラー」の3種類あり、それぞれ異なる形状にオブジェクトを配置できます。リピート機能を適用したオブジェクトの編集は、目視で結果を見ながら直感的な操作で行えるので、複雑なアートワークも手軽に制作できます。ここでは「ラジアル」と「グリッド」を解説します。

リピートラジアルを適用する

ここではリピートラジアル機能でオブジェクトを放射状に配置する方法を解説します。

01 放射状にリピートするオブジェクトを［選択］ツール で選択し❶、メニューから［オブジェクト］→［リピート］→［ラジアル］を選択します❷。

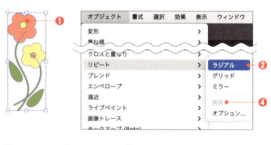

02 オブジェクトが放射状にリピートされて、初期設定では8つのインスタンス（複製されたオブジェクト）が配置されます❸。このように作成したオブジェクトを「リピートラジアルオブジェクト」と呼びます。
なお、リピートを解除するには、オブジェクトを選択した状態で、メニューから［オブジェクト］→［リピート］→［解除］を選択します❹。

バウンディングボックスのハンドルをドラッグして、リピートラジアルオブジェクトの縦横比を維持したまま拡大・縮小および回転ができます。

03 右側のハンドル❺を上方向へドラッグするとリピートするインスタンスの数を増やし、また下方向へドラッグするとインスタンスの数を減らすことができます。

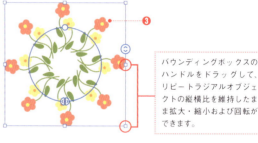

04 中央の円の上側のハンドル（白抜きの円）❻をドラッグして円の半径を編集できます。外側へドラッグすると半径が増大しインスタンス同士の間隔を広げ、内側へドラッグすると間隔を狭めることができます。
また、左右へ回転するようにドラッグして中心を起点にインスタンスを回転できます。その際に option を押しながらドラッグするとインスタンスの角度を回転できます❼。

05 2つの半円形のハンドル❽を左右へドラッグすると、ハンドル間のインスタンスを消す（非表示）ことができます。

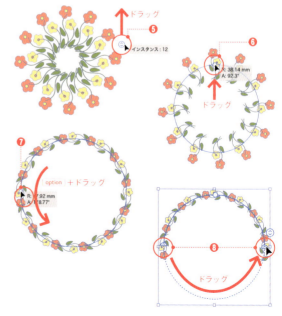

🧩 リピートグリッドを適用する

ここではリピートグリッド機能でオブジェクトを格子状に配置する方法を解説します。

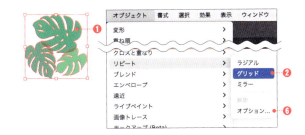

01 格子状にリピートするオブジェクトを［選択］ツール ▶ で選択し❶、メニューから［オブジェクト］→［リピート］→［グリッド］を選択します❷。

02 すると、オブジェクトが格子状にリピートされて、初期設定では8つのインスタンスが配置されます❸。
このように作成したオブジェクトを「リピートグリッドオブジェクト」と呼びます。

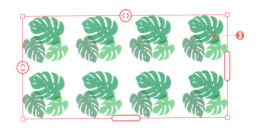

> リピートグリッドオブジェクトは［選択］ツールでダブルクリックして編集モード（ p.115）に切替えて、元のオブジェクトを編集できます。編集内容は直ちに反映されます。

03 リピートグリッドオブジェクトのハンドルを操作して編集します。
右または下のハンドルを外側へドラッグして、リピートグリッドの範囲を拡げます❹。内側へドラッグすると範囲を狭めることができます。
また、左のハンドルをドラッグして［垂直方向の間隔］、上のハンドルをドラッグして［水平方向の間隔］を調整できます❺。

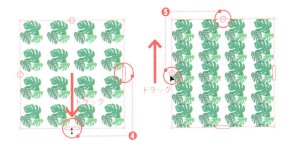

04 リピートグリッドオブジェクトを選択した状態で、メニューから［オブジェクト］→［リピート］→［オプション］を選択すると❻、［リピートオプション］ダイアログが表示されます。
［リピートオプション］ダイアログでは、［垂直方向の間隔］または［水平方向の間隔］を数値指定で編集できます❼。
［グリッドの種類］では、水平方向または垂直方向のグリッドの配置を互い違いに変更できます❽。［行を反転］と［列を反転］では、それぞれの並びを1行おきに反転できます❾。
ここでは、［グリッドの種類：水平方向オフセットグリッド］、［行を反転：水平方向に反転、垂直方向に反転］、［列を反転：垂直方向に反転］に設定しました❿。

［リピートオプション］ダイアログの項目は、リピートオブジェクトを選択時に［プロパティ］パネルおよび［コントロール］パネルにも表示されます。
なお、「ラジアル」、「ミラー」では、それぞれに対応するオプションの項目が表示されます。

> **Memo**
> 形状を確定させた後に、個々のオブジェクトの編集を行いたい場合には、メニューから［オブジェクト］→［分割・拡張］を選択して、リピートグリッドオブジェクトを分割・拡張します。そうすると、グループオブジェクトに変換され、個々のオブジェクトを編集することができます。なお、一度、分割・拡張するとリピートグリッドオブジェクトとしての編集はできなくなります。

Lesson 3-13 オブジェクトの合成〈[形状モード]セクション〉

[パスファインダー]パネルを使用すると、単純なパスオブジェクトを組み合わせることで、複雑な形状のパスオブジェクトを描画できます。

[パスファインダー]パネル

[パスファインダー]パネルは、**重なり合う複数のパスオブジェクトを合成・分割する機能**です。Illustratorに用意されている多数の機能のなかでも、特に有用な機能の1つです。この機能を使いこなせるようになると、複雑な形状のオブジェクトをすぐに描画できるようになります。

[パスファインダー]パネルは、メニューから[ウィンドウ]→[パスファインダー]を選択すると表示されます。

[パスファインダー]パネルの上段にある[形状モード]セクションには4種類の合成ボタンがあります。下の各図は、右の「元の画像」にそれぞれの合成を実行した場合の結果です。左側の画像は何も押さずにクリックして適用（拡張）した状態です。また、右側の画像は option（Alt）を押しながらクリックして、複合シェイプを適用しています。

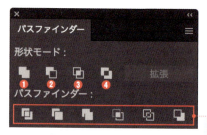

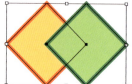

元の画像

> **Memo**
> [パスファインダー]パネルは、複数のオブジェクトを選択した際に[プロパティ]パネルにも表示されます。

[パスファインダー]セクションの各ボタンについては、p.78で解説します。

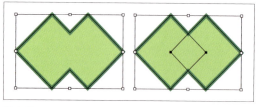

❶ 合体
複数のオブジェクトを合体して、1つのオブジェクトにします。最前面のオブジェクトの[塗り]と[線]の属性とスタイル属性が適用されます。

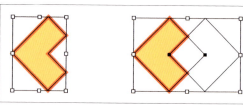

❷ 前面オブジェクトで型抜き
前面のオブジェクトで背面のオブジェクトを型抜きします。複数のオブジェクトが重なり合う場合は、最背面の形状から前面に重なるすべてのオブジェクトで型抜きします。

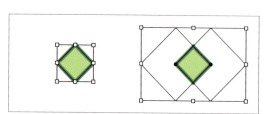

❸ 交差
選択したオブジェクトの重なった部分だけが残ります。最前面のオブジェクトの[塗り]と[線]の属性とスタイル属性が適用されます。

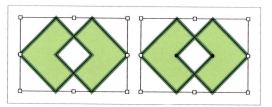

❹ 中マド
選択したオブジェクトの重なった部分を抜きます。複数のオブジェクトが重なり合う場合、重なり合う部分の数が偶数個の場合は抜きになり、奇数個の場合は[塗り]が適用されます。

| ここも知っておこう！| ▶ **複合シェイプ**

　[形状モード] セクションの4種類の合成ボタンは、ボタンをクリックすると、ただちに合成が適用されます。一方、[option]（[Alt]）を押しながらクリックすると、編集や解除が可能な「複合シェイプ」として合成できます。
　複合シェイプは元の形状を保持して、グループオブジェクト（→p.114）のように1つのオブジェクトとして扱うことができるので、解除することで元のパスオブジェクトに戻すことも可能です。また、変形が確定した場合は拡張できます。状況に応じて適宜使い分けてください。

複合シェイプを編集する

複合シェイプは元の形状を保持しているため、[ダイレクト選択] ツール ▶ で❶、元のオブジェクトを個別に選択して、移動したり、変形したりできます❷。

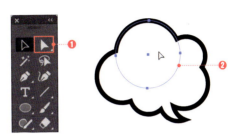

編集モードの利用

複合シェイプオブジェクトを [選択] ツール ▶ でダブルクリックすると、ドキュメントウィンドウが [編集モード] に切替わり❸、複合シェイプを解除したときと同様に、個々のオブジェクトを個別に編集できるようになります❹。

編集モードを解除するには、[選択] ツール ▶ でアートボードの余白をダブルクリックします❺。

複合シェイプの拡張

複合シェイプとして適用した合成は、[パスファインダー] パネルにある [拡張] ボタンをクリックすることで❻、通常と同じように拡張されます❼。

| Memo |
いったん [拡張] すると、元に戻すことはできません。拡張時には十分に注意してください。

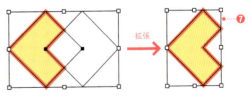

複合シェイプの解除

複合シェイプの状態を解除するには、対象のオブジェクトを選択した状態で、パネルメニューから [複合シェイプを解除] を選択します❽。すると、複合シェイプが解除されて、元の複数のパスオブジェクトに戻ります❾。

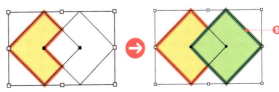

パスファインダーで吹き出しを作る

ここでは[パスファインダー]パネルの基本的な使い方を解説するために、「吹き出し」を作ります。「吹き出し」は[パスファインダー]パネルを使うと簡単に描画できます。

パスファインダーで吹き出しを作る

ここでは[パスファインダー]パネルの基本的な使い方を解説するために、右図の「吹き出し」を作ります。このような図は、後述する[ペン]ツールや[曲線]ツールでも描画できますが、[パスファインダー]パネルを使うと、より簡単に描画できます。

01 ツールバー下部の[初期設定の塗と線]ボタンをクリックして❶、[塗り]と[線]を初期設定にします。

02 ツールバーから[楕円形]ツールを選択して❷、アートボード上を shift を押しながらドラッグして任意のサイズの正円を描き❸、次に[選択]ツールで shift と option (Alt) を押しながら、右図のようにドラッグして❹、水平方向に複製します❺。

03 [選択]ツールで両方の正円を選択して、[パスファインダー]パネルの[前面オブジェクトで型抜き]ボタンをクリックします❻。
すると、前面の正円で背面の正円が型抜かれて、右図のような三日月型のパスオブジェクトになります❼。

04 再度、ツールバーから[楕円形]ツールを選択して、アートボード上を shift を押しながらドラッグし、今度は正円を5つ描画して、右図のようにそれぞれの正円を配置します。円の大きさや、位置はここで調整してください❽。

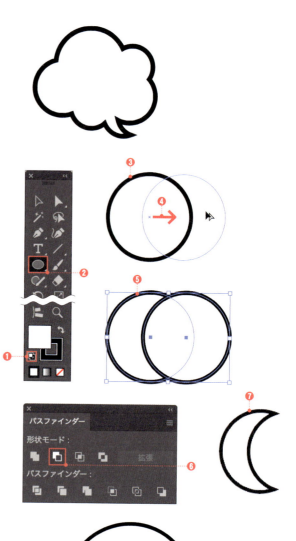

Memo
円の大きさを調整する際は、 shift を押しながら、バウンディングボックスを操作してください。

| 05 | 03 で作成した三日月型のオブジェクトも配置します❾。もうおわかりのとおり、この三日月型のオブジェクトが、吹き出し口になります。 |

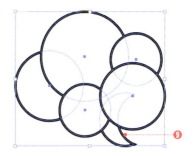

| 06 | [選択] ツール ですべてのオブジェクトを選択し、option（Alt）を押しながら [パスファインダー] パネルの [合体] ボタンをクリックします❿。
すると、選択中のパスが合成されて、右図のような複合シェイプになります⓫。 |

> **Memo**
> option（Alt）を押しながら [合体] ボタンをクリックすると、解除や再編集が可能な「複合シェイプ」になります（→ p.75）。

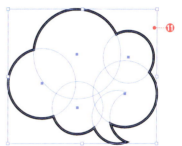

| 07 | 選択を解除すれば完成です⓬。このように、[パスファインダー] パネルを利用すれば、一見すると複雑そうな図形であっても、シンプルな図形の組み合わせで描画できます。同様の図は [ペン] ツールや [曲線] ツールでも描画できますが、ここで紹介した方法のほうが簡単だと思います。 |

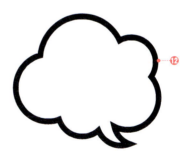

| 08 | 作成した吹き出しのオブジェクトを、他のオブジェクトと合わせると、右図のようなアートワークも描画できます⓭。 |

Lesson 3-15 オブジェクトの合成〈[パスファインダー]セクション〉

Sample_Data/3-15/

[パスファインダー]パネルの[パスファインダー]セクションには6種類の合成ボタンが用意されています。各機能の特徴を覚えておくと、多彩な合成を実現できます。

[パスファインダー]パネル

[パスファインダー]パネルは、メニューから[ウィンドウ]→[パスファインダー]を選択すると表示されます。

[パスファインダー]パネルの下段にある[パスファインダー]セクションには6種類の合成ボタンがあります。

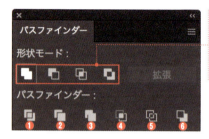

[形状モード]セクションの各ボタンについては、p.74で解説します。

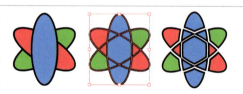

(左)合成前(中央)合成後(右)合成結果がわかりやすいように移動して調整

❶ 分割

オブジェクトの重なり合う部分が分割されます。最前面のオブジェクトが残り、重なった部分のパスを削除します。グラデーションやパターンが適用されたオブジェクトを前面に配置した場合、背面のオブジェクトは分割されますが、削除されません。

(左)合成前(中央)合成後(右)合成結果がわかりやすいように移動して調整

❷ 刈り込み

前面のオブジェクトが重なった部分を削除します。すべての[線]は削除されて[線:なし]になります。

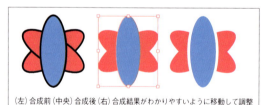

(左)合成前(中央)合成後(右)合成結果がわかりやすいように移動して調整

❸ 合流

前面のオブジェクトが重なった部分を削除し、隣接または重なり合った、同色の[塗り]のオブジェクトを合体します。すべての[線]は削除されて[線:なし]になります。

(左)合成前(中央)合成後(右)合成結果がわかりやすいように移動して調整

❹ 切り抜き

最前面のオブジェクトの外側の領域を削除します。また、最前面のオブジェクトの内側を、最前面のオブジェクト以外で[刈り込み]を行い、最前面のオブジェクトを削除します。すべての[線]は削除されて[線:なし]になります。

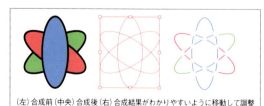

(左)合成前(中央)合成後(右)合成結果がわかりやすいように移動して調整

❺ アウトライン

選択したすべてのオブジェクトが分割されて、[塗り:なし]に設定され、[線]に[塗り]のカラーが適用されます。重なり合って隠れている部分には、前面の[塗り]のカラーが適用されます。[線]のオブジェクトは[線:なし]、または[塗り]のカラーが適用されます。

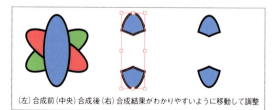

(左)合成前(中央)合成後(右)合成結果がわかりやすいように移動して調整

❻ 背面オブジェクトで型抜き

最前面のオブジェクトと重なり合う部分は、背面オブジェクトで型抜きになり削除され、重なり合わない部分の背面オブジェクトは削除されます。

COLUMN

［パスファインダーオプション］の設定

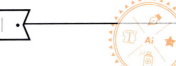

　［パスファインダー］パネルのパネルオプションから［パスファインダーオプション］を選択すると❶、［パスファインダーオプション］ダイアログが表示されます。

　［パスファインダーオプション］ダイアログでは、次の各項目を設定できます。

● ［パスファインダーオプション］の設定項目

名　称	概　要
精度	小さい値を設定すると、より正確な合成が行われる。値が大きいと合成時に曲線が歪むことがある。
余分なポイントを削除	［パスファインダー］パネルの各ボタンでパスオブジェクトを合成した際に生じる余分なポイントを削除する。下記を参照。
塗りのないオブジェクトの処理	［分割およびアウトライン時に塗りのないアートワークを削除］にチェックを付けると、塗りのないアートワークが削除される。

余分なポイントの削除

　以下の元画像に［形状モード：合体］❷を適用すると、通常は❸のようになりますが、［余分なポイントを削除］にチェックをつけておくと、❹のように余分なポイントを削除できます。

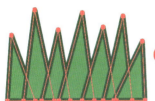
元画像

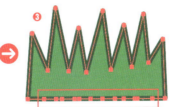
❸　余分なポイント

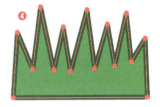
❹

塗りのないオブジェクトの処理

　右のような元画像に［分割］を適用すると、各々のパスが分割されて、さらに中央部分に［塗り：なし］［線：なし］のパスが作成されます❺。

　このパスは一見すると見えないため注意が必要です。後々誤って［塗り］に色を適用したりといったトラブルを避けるためにも、オプションにチェックをつけて削除することをお勧めします。

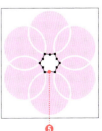
❺

光の三原色の図を作る

Sample_Data / 3-16 /

ここでは［パスファインダー］パネルの［パスファインダー］セクションの各機能を使って、「光の三原色の図」を作ります。完成図を見るとやや複雑に見えますが、意外と簡単に作れます。

［パスファインダー］機能の使用例

［パスファインダー］機能の使用例として、ここでは右図の「光の三原色の図」を作ります。完成図だけを見ると、やや複雑に見えますが、意外と簡単に作れます。

01 ツールバーの［初期設定の塗と線］ボタンをクリックして❶、初期設定の［塗り］と［線］にします。

02 ツールバーから［楕円形］ツール ◯ を選択して❷、アートボード上をクリックします。
［楕円形］ダイアログが表示されるので、［幅：60mm］［高さ：60mm］と入力して❸、［OK］ボタンをクリックします❹。
直径60mmの正円が描画されます❺。

03 正円のオブジェクトを選択した状態で、ツールバーで［選択］ツール ▶ を選択して❻、 Return （ enter ）を押します。

04 ［移動］ダイアログが表示されるので、［プレビュー］にチェックをつけて❼、［水平方向：30mm］［垂直方向：0mm］と入力して❽、［コピー］ボタンをクリックします❾。
すると、右図のように、元々あった正円の右隣りに正円のオブジェクトが複製されます❿。

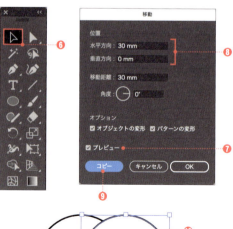

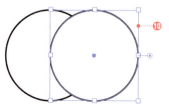

05　[選択]ツール▶で左側のパスオブジェクトを選択して、再度 Return（ enter ）を押して、[移動]ダイアログを表示します。
今回は[水平方向]や[垂直方向]ではなく、[移動距離：30mm][角度：60°]に設定して❶、[コピー]ボタンをクリックして❷、複製します❸。
このように、角度と移動距離から水平・垂直方向の距離を割り出すこともできます。

06　[スウォッチ]パネルを表示して、各オブジェクトに[CMYK レッド][CMYK グリーン][CMYK ブルー]のカラースウォッチを適用します❹。

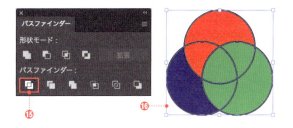

07　[選択]ツール▶ですべてのパスオブジェクトを選択して、[パスファインダー]パネルの[分割]ボタンをクリックします❺。
すると、重なり合うパスオブジェクトが分割されます❻。

Memo
[塗り]にグラデーションやパターンスウォッチを適用したオブジェクトを配置した場合は、同じ結果になりません。ここでは[塗り]には単色のカラーが適用されています。

08　分割されたすべてのパスオブジェクトはグループ化（→p.114）されています。
ツールバーで[ダイレクト選択]ツール▶、または[グループ選択]ツール▶を選択して❼、オブジェクトをクリックして選択し、[スウォッチ]パネルから各オブジェクトに次の各カラーを適用します。

▶ [CMYK イエロー]
▶ [CMYK シアン]
▶ [CMYK マゼンタ]
▶ [ホワイト]

すべてのオブジェクトを[線：なし]に設定すれば完成です❽。

桜を描く

Lesson 3-17 WORKSHOP #03

Sample_Data / 3-17 /

ここでは［パスファインダー］パネルと［回転］ツール を使用して、桜の花びらのイラストを描きます。［回転］ツール を使用する際の基準点の設定方法はさまざまなシーンで応用できます。

01

ツールバーから［楕円形］ツール を選択して❶、アートボード上をドラッグし、右図のような形状の楕円形のオブジェクトを描きます❷。オブジェクトの色は［カラー］パネルで次のように設定します。

- ▶ ［塗り］=［C=0 M=30 Y=0 K=0］
- ▶ ［線］=［なし］

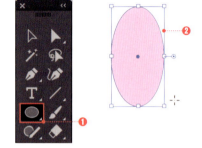

02

ツールバーから［アンカーポイント］ツール を選択して❸、右図のように楕円形の上端のアンカーポイント上にマウスポインターを重ねてクリックし❹、スムーズポイントをコーナーポイントに切り換えます。丸みを帯びた形状が尖った形になります。
同様に下端にも行います❺。

> **Memo**
> スムーズポイントやコーナーポイントについては、p.87 を参照してください。

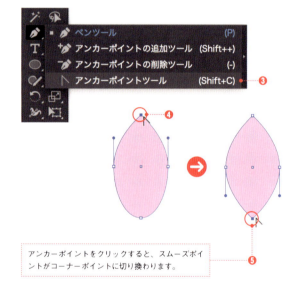

アンカーポイントをクリックすると、スムーズポイントがコーナーポイントに切り換わります。

03

ツールバーで［選択］ツール を選択して、option （Alt）+ shift を押しながら、右図のように、花びらを上方向にドラッグし❻、先にマウスボタンをはなしてから、option （Alt）と shift をはなします。
これで、花びらを右図のように複製することができました❼。

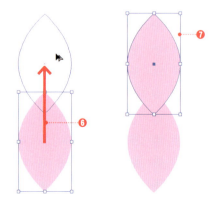

82

| 04 | [選択]ツール▶で両方のオブジェクトを選択して❽、[パスファインダー]パネルの[前面オブジェクトで型抜き]ボタンをクリックします❾。
すると、右図のような桜の花びらの形状になります❿。

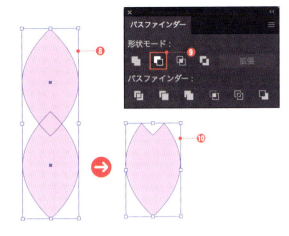

| 05 | メニューから[表示]→[スマートガイド]、および[ポイントにスナップ]を選択して、両方にチェックをつけます。

> **Memo**
> [スマートガイド]と[ポイントにスナップ]についてはp.43を参照してください。

| 06 | [選択]ツール▶で花びらを選択した状態で、ツールバーから[回転]ツール⟳を選択して⓫、花びらの下端のアンカーポイント上にマウスポインターを合わせます。
[アンカー]と表示されたら⓬、option (Alt)を押しながらクリックします。

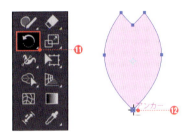

| 07 | [回転]ダイアログが表示されるので、[角度：72°]に設定して⓭、[コピー]ボタンをクリックし⓮、回転複製します⓯。

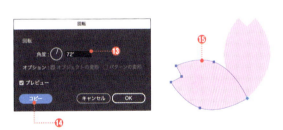

| 08 | メニューから[オブジェクト]→[変形]→[変形の繰り返し]を選択して⓰、先ほど実行した変形操作を繰り返します⓱。
続けて、⌘ (Ctrl)＋Dを3回押して、処理を繰り返し、5枚の花びらができたら完成です⓲。

> **Memo**
> 円は一周360°なので、5枚の花びらを描くとすると、360°÷5=72°となります。

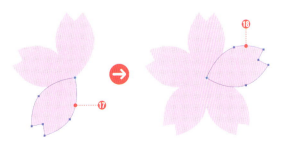

Lesson 3-18 ライブコーナーで角の形状を変形する

Sample_Data / 3-18 /

「ライブコーナー」を使用すると、コーナーウィジェットを操作して、角の形状を直感的に変形できます。また半径の数値を指定して正確に変形することもできます。

角の形状を変形する

[ダイレクト選択] ツール でオブジェクトを選択すると、パスのコーナーポイントに「コーナーウィジェット」が表示されます❶。

このコーナーウィジェットをパスの中心方向へドラッグすると❷、パスの角の形状を角丸に変形することができます❸。

選択したコーナーのみ変形する

任意のアンカーポイントを選択すると、選択した箇所の角にだけコーナーポイントが表示されます❹。ドラッグすると、選択した角のみを変形できます❺。

[コーナー] ダイアログで数値指定する

コーナーウィジェットをダブルクリックするか、または [プロパティ] パネルおよび [コントロール] パネルの [コーナー] ❻をクリックすると、[コーナー] ダイアログが表示されます。半径の数値を指定して設定します❼。

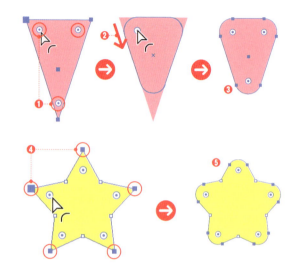

最大値まで変形すると赤いガイドラインが表示されて、それ以上の角度までは変形できなくなります。

ここに半径の数値を指定して設定することもできます。

> **Memo**
> コーナーウィジェットの表示／非表示は、メニューから [表示] → [コーナーウィジェットを表示] (または [コーナーウィジェットを隠す]) で切り替えることができます。また、メニューから [Illustrator] (Windowsは [編集]) → [設定] → [選択範囲・アンカー表示] で、コーナーウィジェットを隠す角度を指定できます。

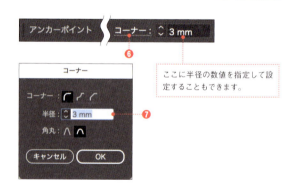

▶ コーナーの形状を切り替える

コーナーの形状には [角丸(外側)] [角丸(内側)] [面取り] の3種類があり❶、[コーナー] ダイアログの各ボタンで切り替えます。また option (Alt) を押しながらコーナーウィジェットをクリックして、3種類のコーナーの形状を順番に切り替えることもできます。

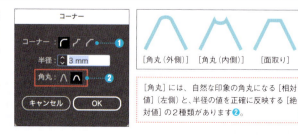

[角丸] には、自然な印象の角丸になる [相対値] (左側) と、半径の値を正確に反映する [絶対値] の2種類があります❷。

Lesson 4

Drawing and Editing of Path Objects.

パスの描画と編集

パスの基本構成とさまざまな編集機能

本章では、Illustratorを使いこなすうえで避けて通ることのできない「パス」の基本や、パスを描画する際に使用する[ペン]ツールなどについて、1つずつ丁寧に解説していきます。[ペン]ツールは数あるツールのなかでも、もっとも重要なツールの1つです。

Lesson 4-1 パスの基本構造を理解しよう

Sample_Data/4-1/

パスは、Illustratorのもっとも重要な要素の1つです。そのため、Illustratorを使いこなすためには、パスの基本構造をきちんと理解しておくことが必要です。

パスの構成要素

パスとは、先述した[長方形]ツール■や[楕円形]ツール●、[多角形]ツール●、および後述する[ペン]ツール✎などで描画する「**線分**」や「**パスオブジェクト**」の総称です。

パスは次の要素から構成されています。

▶ アンカーポイント
▶ アンカーポイントのハンドル
▶ パスセグメント

なお、ハンドルは**方向線**と**方向点**の2つの要素から構成されています。詳しくは右図を参照してください。

なお、パスの形状は次の要素によって決まります。

▶ アンカーポイントの位置
▶ ハンドルの方向と長さ

そのため、これらの要素をドラッグして操作することで、自由に変形できます。

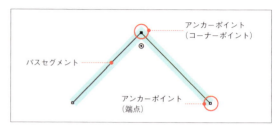

直線のみで構成された上記のパスオブジェクトは、3つのアンカーポイントと、2つの直線のパスセグメントで構成されていることがわかります。

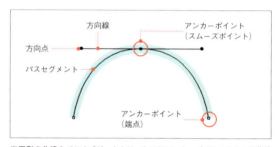

半円形の曲線のパスオブジェクトは、3つのアンカーポイントと2つの曲線のパスセグメント、そして、ハンドル(方向線・方向点)で構成されていることがわかります。

クローズパスとオープンパス

パスオブジェクトには「**クローズパス**」と「**オープンパス**」の2種類があります。

クローズパスとは、すべてのアンカーポイントがセグメントで閉じられた、連結された状態のパスオブジェクトです。[長方形]ツール■や[楕円形]ツール●などで描画したパスオブジェクトはクローズパスになります。

オープンパスとは、離れた端点のアンカーポイントを持つパスオブジェクトであり、図形として閉じていない状態のパスオブジェクトです。[直線]ツール╱や[曲線]ツール╱などで描画したパスオブジェクトはオープンパスになります。

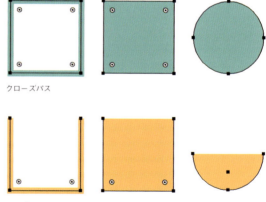

クローズパス

オープンパス

> **Memo**
> アンカーポイントの内側には、パスオブジェクトのコーナーの形状を変形できる「コーナーウィジェット」(→p.84)が表示されます。

スムーズポイントとは

アンカーポイントには「**スムーズポイント**」と「**コーナーポイント**」の2種類があります。
スムーズポイントでは、パスセグメントは「連続する曲線」として滑らかに連結されます。ハンドルの方向線はアンカーポイントの両端に一直線に伸びます❶。ハンドルの方向点を[ダイレクト選択]ツール でドラッグすると、反対側のハンドルの方向点も移動し、曲線の形状が変化します。

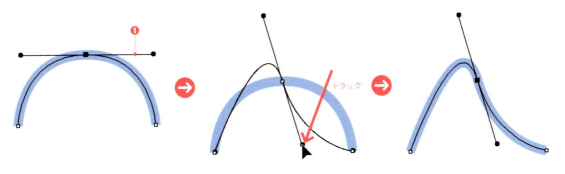

コーナーポイントとは

コーナーポイントでは、パスの方向が大きく変わります。直線セグメントと曲線セグメントの何れも連結することができます。[ダイレクト選択]ツール でハンドルの方向点をドラッグすると❶、ドラッグしたハンドルのみが動きます❷。

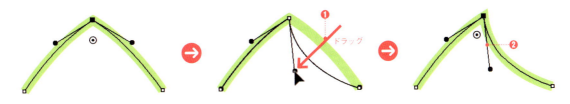

> **ここも知っておこう！** ▶ **コーナーポイントの種類**
>
> コーナーポイントには、❶「ハンドルがないコーナーポイント」、❷「片方だけハンドルがあるコーナーポイント」、❸「両方にハンドルがあるコーナーポイント」の3種類があります。

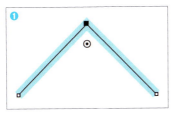 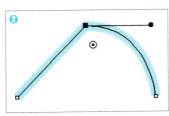 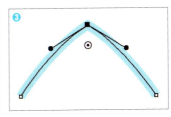

ハンドルがないコーナーポイント　　片方だけハンドルがある　　両方にハンドルがある
　　　　　　　　　　　　　　　　　　コーナーポイント　　　　　コーナーポイント

Lesson 4-2 [ペン]ツールの基本操作とベジェ曲線

Sample_Data / 4-2 /

[ペン]ツールは、パスオブジェクトを描画するツールです。Illustratorにおいてもっとも重要なツールの1つであり、その習得は避けては通れません。

ベジェ曲線とは

Illustratorでは、滑らかな曲線を描画するための仕組みとして、コンピュータグラフィックの世界で広く利用されている「ベジェ曲線」を採用しています。ベジェ曲線では、複数の制御点を元にして、計算式によって線を描きます。Illustratorにおける制御点は先述した「アンカーポイント」や「ハンドル」などです（→p.86）。

[ペン]ツールはベジェ曲線を描くツールです。すべての図形・イラストは、直線と曲線の組み合わせでできているため、このツールを使用すれば、直線、曲線、円弧など、あらゆる形状の線を描画できます。

Illustratorを使いこなすうえで、ベジェ曲線の計算式を理解する必要はありませんが、アンカーポイントやハンドルの操作方法や、それらによって描かれる曲線の関係・特徴は理解しておく必要があります。

直線を描く

[ペン]ツールで直線を描くには、次の手順を実行します。なお本項では、メニューから[表示]→[グリッドを表示]を選択して、グリッドを表示しています。

01 ツールバーから[ペン]ツールを選択して❶、[塗り：なし][線：任意の色][線幅：任意の太さ]に設定します。

02 アートボード上の任意の2箇所を続けてクリックします❷。すると、2点間を結ぶ直線が描画されます。なお、shiftを押しながら描画すると、0°から45°刻みで角度を固定して直線を描画できます。

03 続いて、3点目をクリックすると、直線が描画されます❸。

04 描画を続けて、開始点にマウスポインターを合わせると、右横に小さな「○」が表示されます❹。この状態でクリックするとパスが連結されて、クローズパスになります❺。

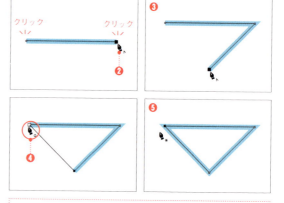

始点と終点を連結してパスを閉じると描画が終了します。パスを閉じずに、オープンパスの状態で描画を終了するには、⌘（Ctrl）を押しながら、アートボード上の任意の場所をクリックします。

曲線を描く

[ペン]ツール で曲線を描くには、次の手順を実行します。

01 「曲線を開始したい箇所」にマウスポインターを合わせて、「曲線を描きたい方向」にドラッグします❶。すると、アンカーポイントを中心に両側にハンドルが伸びます。

02 「曲線の大きさや向きが変わる箇所」にマウスポインターを合わせて、「曲線を描きたい方向」にドラッグします❷。これで1つの曲線を描画することができました。

03 この手順を続けると、右図のような波線を描画できます❸。
なお、ドラッグの際に shift を押すと、0°から45°刻みでハンドルの角度を固定できます。

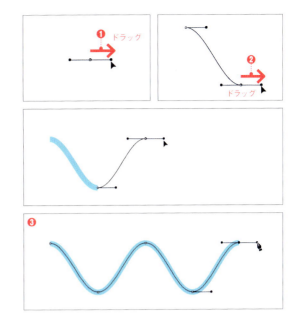

直線から曲線へ変化する線を描く

直線から曲線へ変化する線を描くには、次の手順を実行します。

01 2点をクリックして直線を描き、そのまま直線が曲線に変化する部分のアンカーポイント上にマウスポインターを合わせていると、マウスポインターの形状が図のようになるので❹、続けて「曲線を描きたい方向」にドラッグしてハンドルを伸ばします❺。

02 「曲線の大きさや向きが変わる箇所」にマウスポインターを合わせてドラッグすると❻、直線から曲線へ変化する線を描画できます❼。

> **Memo**
> ここでは、曲線の基本的な描画方法を説明していますが、実際には、「習うより慣れろ」の精神で、とにかく実際に[ペン]ツール を操作してみてください。曲線を描画する際のポイントは「マウスポインターをはなす前にドラッグする」です。

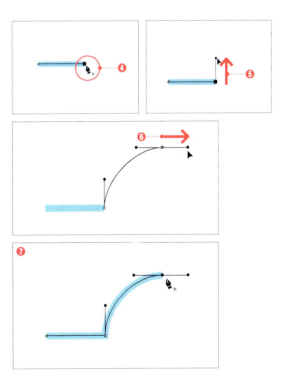

曲線から直線へ変化する線を描く

曲線から直線へ変化する線を描くには、次の手順を実行します。

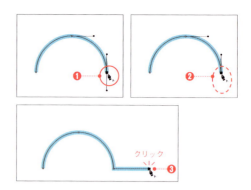

01 曲線を描いた後に、直線に変化する部分のアンカーポイント上にマウスポインターを合わせます。すると、マウスポインターの形状が図のようになるので❶、クリックします。
すると、片側のハンドルが消えます❷。

02 続けて次の箇所をクリックすると❸、曲線から直線へと変化する線を描画できます。

曲線の方向を切り替えて曲線を描く

曲線の方向を切り替えて曲線を描くには、次の手順を実行します。

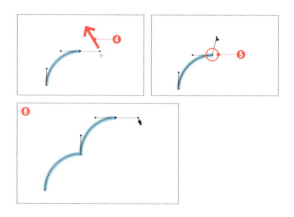

01 曲線を描いた後に、option(Alt)を押しながら、方向を切り替えたいほうのハンドルをドラッグします❹。すると、スムーズポイントがコーナーポイントに切り換わります❺。

02 続いて「曲線の大きさや向きが変わる箇所」にマウスポインターを合わせてドラッグすると❻、曲線の方向を切り替えて曲線を描くことができます。

ここも知っておこう！ ▶ [ペン]ツール使用時に一時的に他のツールに切り替える

これまでに[ペン]ツールのさまざまな使い方を紹介してきましたが、[ペン]ツールで描画したパスを編集する際は、主に右の4つのツールを使用します。毎回ツールバーから選択するのは手間が掛かります。

しかし、これらのツールは、[ペン]ツールを使用時に一時的にツールを切り替えることができるので覚えておきましょう。

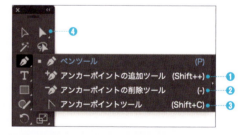

- ▶ [アンカーポイントの追加]ツール❶（→ p.91）は、マウスポインターをパスセグメント上に重ねる
- ▶ [アンカーポイントの削除]ツール❷（→ p.91）は、マウスポインターをアンカーポイント上に重ねる
- ▶ [アンカーポイント]ツール❸（→ p.93）は、option(Alt)を押す
- ▶ [ダイレクト選択]ツール❹（→ p.92）は、command(Ctrl)を押す

なお、[アンカーポイントの追加]ツールと[アンカーポイントの削除]ツールは、メニューから[Illustrator]→[設定]→[一般]を選択して、表示される[環境設定]ダイアログで、[ペンツールでパス上にアンカーポイントを自動で追加/削除しない]のチェックが外れている場合に動作します。

Sample_Data/4-3/

Lesson 4-3 アンカーポイントの追加・削除

前項では［ペン］ツール ✎ の基本的な使い方を紹介しましたが、慣れないうちは一度の描画で完璧なパスを描くのは困難です。通常は、いったんおおまかに描画したパスを、後からブラッシュアップしていきます。

アンカーポイントを追加する

ツールバーから［アンカーポイントの追加］ツール ✎ ❶を選択して、選択中のパスオブジェクトのパスセグメント上クリックすると❷、アンカーポイントが追加できます❸。

> **Memo**
> ［選択］ツール ▶ でパスオブジェクトを選択したうえで、メニューから［オブジェクト］→［パス］→［アンカーポイントの追加］を選択すると、すべてのアンカーポイントとアンカーポイントの中間に、アンカーポイントが均等に追加されます。

［アンカーポイントの追加］ツールと［アンカーポイントの削除］ツールは、［ペン］ツールを使用時に、一時的にツールを切り替えることができます。詳しくはp.90の「［ペン］ツール使用時に一時的に他のツールに切り替える」を参照ください。

アンカーポイントを削除する

ツールバーから［アンカーポイントの削除］ツール ✎ ❹を選択して、選択中のパスオブジェクトのアンカーポイント上（端点は除く）をクリックすると❺、アンカーポイントが削除できます❻。

> **Memo**
> ［アンカーポイントの削除］ツールで、アンカーポイントを削除する際に、shiftを押しながらクリックすると❼、アンカーポイントが削除されることでパスの形状が変化することを防ぐことができます❽。

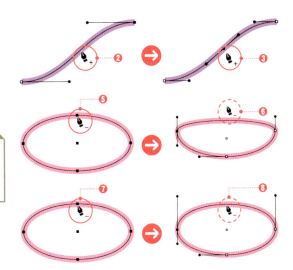

ここも知っておこう！ ▶［ダイレクト選択］ツールによるアンカーポイントの操作～その1～

［ダイレクト選択］ツール ▶ でアンカーポイントを選択すると、コンテキストタスクバー、および［コントロール］パネル、［プロパティ］パネルに［選択したアンカーポイントを削除］ボタンが表示されます❶。

右図では、shiftを押しながら［ダイレクト選択］ツールで複数のアンカーポイントを選択した状態で❷、アンカーポイントを削除しています❸。

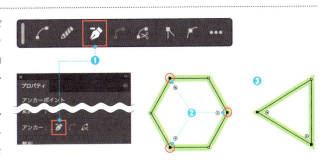

Lesson 4-4 アンカーポイントの基本操作

Sample_Data/4-4/

ここでは、アンカーポイントに関する基本操作を解説します。パスオブジェクトを思い通りに変形・編集するためには、アンカーポイントの操作方法を習得しておくことが必要です。

アンカーポイントを選択する

アンカーポイントを選択するには、ツールバーで[ダイレクト選択]ツール▶を選択して❶、アンカーポイントをクリックするか❷、アンカーポイントを囲むようにドラッグします❸。

選択中のアンカーポイントは塗りつぶされて表示されます。一方、選択されていないアンカーポイントは白抜きで表示されます。

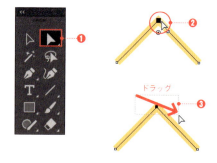

アンカーポイントを移動する

アンカーポイントを移動するには、[ダイレクト選択]ツール▶で対象のアンカーポイントをドラッグして移動します❹。

shift を押しながらドラッグすると、45°刻みでアンカーポイントの移動角度を固定できます。

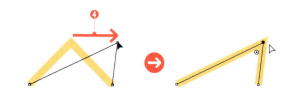

アンカーポイントを整列する

アンカーポイントを整列するには、複数のアンカーポイントを選択して、[整列]パネルで整列方法を指定します。

複数のアンカーポイントを同時に選択するには、shift を押しながら、対象のアンカーポイントをクリックするか、または囲むようにドラッグします❺。

ここでは[水平方向右に整列]ボタンを指定しているので❻、選択中のアンカーポイントが右側で整列しています❼。

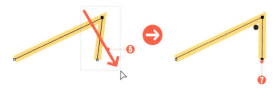

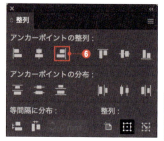

> **Memo**
> [整列]パネルで整列する際に、アンカーポイントを囲むようにドラッグして選択するのではなく、shift を押しながらクリックして選択した場合、最後にクリックして選択したアンカーポイントが、整列の基準となります(→ p.113)。

[整列]パネルの詳しい使い方については、p.112を参照してください。

スムーズポイントに切り換える

コーナーポイントをスムーズポイントに切り換えるには、[アンカーポイント]ツール🅽をコーナーポイント上に合わせて、そのままドラッグします❽。すると、スムーズポイントに切り換わります❾。

コーナーポイントに切り換える

スムーズポイントをコーナーポイントに切り換えるには、[アンカーポイント]ツール🅽でスムーズポイントをクリックします❿。すると、両側に伸びるハンドルが消えて、コーナーポイントに切り換わります⓫。

また、片側のハンドルをドラッグすると⓬、スムーズポイントがコーナーポイントに切り換わり、ドラッグした片側のハンドルのみを移動できます⓭。

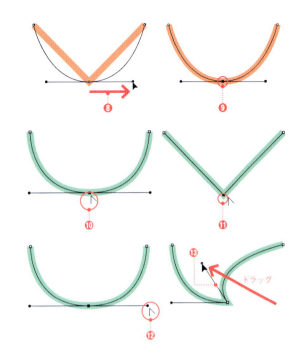

ここも知っておこう！ ▶ [アンカーポイント]ツールでパスセグメントを変形する

[アンカーポイント]ツール🅽をパスセグメント上に重ねると、マウスポインターの形状が変わります❶。そのままドラッグすると、両側のアンカーポイントからハンドルが伸び、曲線的に変形することができます❷。

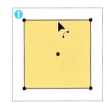

なお、メニューから[Illustrator]→[設定]→[選択範囲・アンカー表示]を選択して、表示される[環境設定]ダイアログで、[セグメントをドラッグしてリシェイプするときにハンドル方向を固定]のチェックが外れている場合に動作します。

ここも知っておこう！ ▶ [ダイレクト選択]ツールによるアンカーポイントの操作〜その2〜

[ダイレクト選択]ツール▶でアンカーポイントを選択すると、コンテキストタスクバー、および[コントロール]パネル、[プロパティ]パネルに[選択したアンカーポイントをコーナーポイントに切り換え]ボタンと[選択したアンカーポイントをスムーズポイントに切り換え]ボタンが表示されます❶。下図では複数のスムーズポイントを選択し❷、一括でコーナーポイントに切り換えています❸。

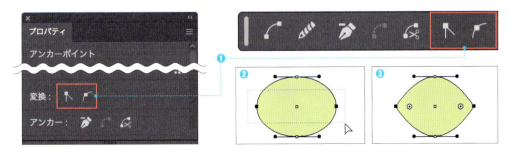

Lesson 4-5 パスを連結する

[連結] コマンドを実行すると、オープンパスの端点のアンカーポイントや、異なるオープンパスのパスオブジェクトを連結することができます。

Sample_Data/4-5/

2つのオープンパスを連結する

2つの別のオープンパスのパスオブジェクトを連結するには、[ダイレクト選択] ツール で連結する端点を両方とも選択して❶、メニューから [オブジェクト] → [パス] → [連結] を選択します❷。

すると、選択した2つのアンカーポイントが直線で連結されて、オープンパスのパスオブジェクトになります❸。

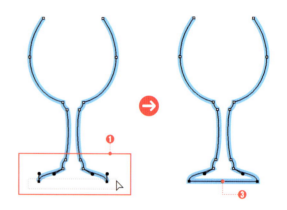

Short cut
パスの連結
Mac: ⌘ + J　Win: Ctrl + J

Memo
同時に複数のアンカーポイント（端点）を選択するには、[ダイレクト選択] ツール で、対象の端点を囲むようにドラッグするか、shift を押しながらクリックします。

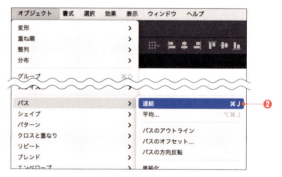

オープンパスの端点を連結する

オープンパスの端点を連結するには、[選択] ツール でパスオブジェクトをクリックして全体を選択して❹、メニューから [オブジェクト] → [パス] → [連結] を選択します。

すると、離れた端点のアンカーポイント同士が直線で連結されて、クローズパスになります❺。

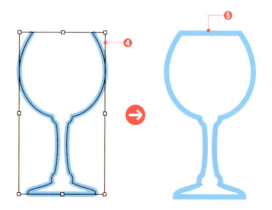

Memo
対象のパスオブジェクトがオープンパス（→p.86）の場合は、連結する2つの端点を明確に選択する必要はありません。オープンパスでは端点は2つしか存在しないので、[選択] ツール でオブジェクトを選択して [連結] コマンドを実行すると、それらの端点が直線で連結されます。

[連結]ツール で連結する

[連結]ツール を使用すると、簡単な操作で2つのオープンパスのパスオブジェクトを連結できます。

01 ツールバーで[連結]ツール を選択して❶、2つのオープンパスが交差して、はみ出している箇所をドラッグしてなぞります❷❸。

02 すると、ドラッグした箇所のパスが連結されます❹。

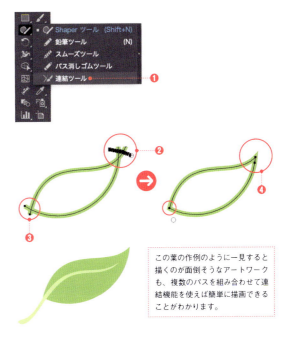

この葉の作例のように一見すると描くのが面倒そうなアートワークも、複数のパスを組み合わせて連結機能を使えば簡単に描画できることがわかります。

ここも知っておこう！ ▶ 水平・垂直軸の中央で整列して連結する

離れた2つの端点を[ダイレクト選択]ツール で選択して❶、次のショートカットを入力すると、2つの端点を水平・垂直軸の中央の位置に整列して連結できます❷。

Mac：⌘ + option + shift + J
Win：Ctrl + Alt + shift + J

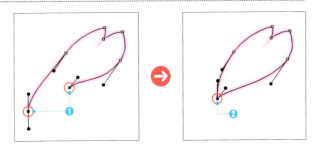

ここも知っておこう！ ▶ [ダイレクト選択]ツールによるアンカーポイントの操作

[ダイレクト選択]ツール で2つのパスの端点を選択し、コンテキストタスクバー、および[コントロール]パネル、[プロパティ]パネルの[選択した終点を連結]ボタン❶をクリックすることでも、パスの端点を連結できます。

また、[選択したアンカーポイントでパスを切断]ボタン❷をクリックして、選択したアンカーポイントでパスを切断することもできます❸。

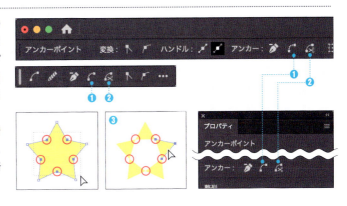

[曲線]ツールの使い方

Sample_Data/4-6/

[曲線]ツール 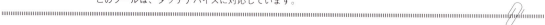 を使うと、[ペン]ツールよりも直観的な操作で、簡単に曲線のパスを描画できます。なお、このツールは、タッチデバイスに対応しています。

[曲線]ツールの準備

[曲線]ツールを使用する際は、ツールバーで[曲線]ツールを選択し❶、[塗り：なし][線：任意の色][線幅：任意の太さ]に設定します。

円を描く

[曲線]ツールで円を描くには、次の手順を実行します。なお本項では、メニューから[表示]→[グリッドを表示]を選択して、グリッドを表示しています。

01 [曲線]ツールで❶の箇所をクリックします。続けて❷の箇所をクリックします。❸の箇所にマウスポインターを移動すると、各点を結ぶ「ラバーバンド」が表示されます。

02 ❹の箇所をクリックすると、ラバーバンドの形状にパスが描画されます❺。
続けて❻の箇所をクリックし、❼の箇所にマウスポインターを合わせます。
すると、マウスポインターの形状が右図のように変わるので❽、この状態でクリックすると、パスが連結されます。

03 このように、たった4箇所を順にクリックするだけで綺麗な円を描画できます❾。

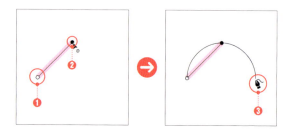

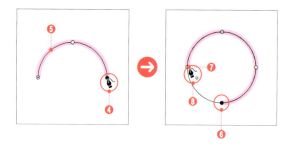

> **Memo**
> ラバーバンドとは、描画されるパスの形状をリアルタイムで予測してプレビューする機能です（→ p.245）。[ペン]ツールと[曲線]ツールで表示されます。

96

波線を描く

01 [曲線]ツール❷で❶❷❸の箇所を続けてクリックすると半円の弧が描画されます。
❹の箇所にマウスポインターを移動すると、❶❷間と❷❸間のラバーバンドの形状が変わります。

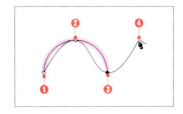

02 続けて❹❺❻の箇所をクリックしていくと滑らかな曲線でつながる波線を描画できます。

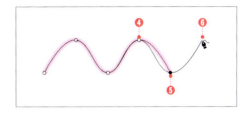

直線を描く

01 [曲線]ツール❷で❶の箇所をクリックし、続けて option (Alt)を押しながら、❷の箇所をクリックします。❸の箇所も option (Alt)を押しながらクリックします。

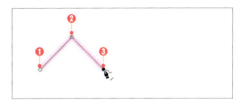

02 続けて❹❺❻の箇所も同様に option (Alt)を押しながらクリックすると直線でつながる線を描画できます。

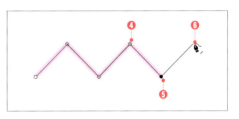

曲線と直線を切り替える

[曲線]ツール❷で描画したパスを、[選択]ツール▶で選択し、❶の箇所のアンカーポイントを[曲線]ツール❷でダブルクリックします。

すると、コーナーポイントがスムーズポイントに切り替わり、円弧になります❷。

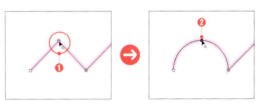

ここも知っておこう！　▶ [曲線]ツールでパスの編集

[曲線]ツール❷で描画中の曲線は、[曲線]ツール❷のままで編集できます。他のツールに切り換える必要はありません。

描画済みのアンカーポイントの位置を変更したい場合は、対象のアンカーポイント上にマウスポインターを移動してドラッグします。

また、アンカーポイントを追加するには、パスセグメント上に[曲線]ツール❷を重ねて、マウスポインターが❶に切り替わった状態でパスセグメント上をクリックします。すると、アンカーポイントが追加されます❷。

アンカーポイントを削除するには、対象のアンカーポイントをクリックして選択後、 Delete (Back space)を押します。

Lesson 4-7 ［線］の基本を理解する

Sample_Data/4-7/

これまでにも解説してきたとおり、Illustratorのパスオブジェクトは大きく、［塗り］と［線］の2つの属性を持っています。ここでは［線］について詳しく見ていきます。

［線］パネル

パスオブジェクトの［線］の線幅や形状は、［線］パネルで設定します❶。ここでは、メニューから［ウィンドウ］→［線］を選択して、［線］パネルを表示して解説を行います。

［線］パネルは、［選択］ツール でパスオブジェクトを選択して、［コントロール］パネルまたは［プロパティ］パネルに表示される、［線］の文字をクリックして表示することもできます（下図参照）。

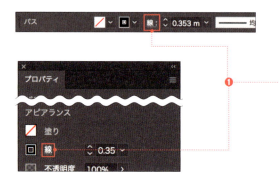

線幅を変更する

線幅を変更するには、パスオブジェクトを選択した状態で、［線幅］に任意の値を設定します❷。［線幅］の上下の矢印をクリックすることでも変更できます❸。

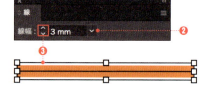

線端の形状を変更する

線端とは「**オープンパスの端**」です。線端の形状は3つの［線端］ボタンで設定します❹。

● ［線端］の種類

種 類	概 要
バット線端	初期設定。パスの端が線の端になる。
丸型線端	線端が半円になり、パスの端から半円分線が延長される。
突出線端	線端が直角になり、パスの端から線幅の半分の長さの線が延長される。

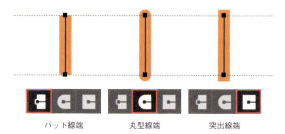

バット線端　　　丸型線端　　　突出線端

98

線の角を尖らす・丸くする

角とは「**パスの方向が変化する場所**」(コーナーポイント)です。角の形状は3つの[角の形状]ボタンで設定します❺。

[角の形状]の種類

名　称	概　要
マイター結合	初期設定。尖った角の線になる。
ラウンド結合	角が丸い形になる。
ベベル結合	角を切り落としたような形になる。

角の比率を設定する

[**マイター結合**]は、角が鋭角すぎると自動的に[ベベル結合]に切り替わります。尖った角にしたい場合は[比率]を設定します❶。

[比率]とは、[マイター結合]から[ベベル結合]に切り替える比率です。[比率]の初期設定値は[比率：10]です。これは、尖った部分の長さが線幅の「10倍」になると、自動的に[マイター結合]から[ベベル結合]に切り替わる、という意味です。

右図は1マス5mmのガイドライン上で、[線幅：5mm]の線を比較したものです。

中央の線は[マイター結合][比率：10]に設定したものです。マイター結合ですが、角の大きさが[線幅]の10倍を超える50mm以上であるため、自動的に[ベベル結合]になります❷。

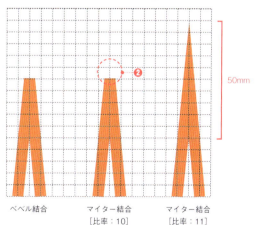

線の位置をパスの内側や外側にする

線の位置は3つの[線の位置]ボタンで設定します❸。ただし、オープンパスや複合シェイプ、ライブペイントグループには設定できません。

[線の位置]の種類

名　称	概　要
線を中央に揃える	初期設定。パスを中心に両側に線が描画される。
線を内側に揃える	線を内側に揃える。
線を外側に揃える	線を外側に揃える。

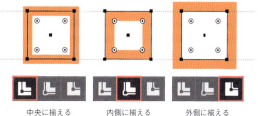

Lesson 4-8 破線・点線の正しい作り方

Sample_Data/4-8/

破線や点線は、図表や作図などで頻繁に利用する、汎用性の高いグラフィックです。そのため、Illustratorには簡単な操作でさまざまな形状の破線や点線を描画できる機能が用意されています。

破線を描く

破線や点線の設定は[線]パネルで行います。[選択]ツールで[塗り：なし][線：ブラック]のオブジェクトを選択して❶、[線]パネルの[破線]にチェックをつけると❷、[線分]に自動的に数値が入力され、その値で「線分」と「間隔」が繰り返された破線になります❸。

さまざまな破線を描く

[線分]には実線の長さを指定し、[間隔]には実線と実線とのアキの長さを指定します❹。

なお、[線分]のみに数値を入力して、[間隔]に数値を入力しない場合、[線分]の値が[間隔]にも適用されます。

[線幅][線分][間隔][線端の形状]を組み合わせると、右図のように、さまざまな破線を設定できます。

破線オプションを設定する

破線オプションを設定すると、破線の整列を行うことができます❺。

左側のアイコンをクリックすると、[線分][間隔]で指定した値が正確に反映されます❻。

右側のアイコンをクリックすると、[線分][間隔]で指定した値を調整しながら、線分をコーナーやパスの線端に合わせて整列します❼。

[線幅：1mm][丸型線端][線分 0mm][間隔 1mm]

[線幅：1mm][丸型線端][線分 0mm][間隔 3mm]

[線幅：1mm][丸型線端][線分 4mm][間隔 4mm]

[線幅：1mm][バット線端][線分 12mm][間隔 1.5mm][線分 3mm][間隔 1.5mm]

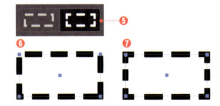

ここも知っておこう！ ▶[ブラシライブラリ]を用いた破線の作成

破線は、[線]パネルの破線セクションで設定する以外に、[ブラシライブラリ]に登録されているブラシを適用して設定することもできます❶。

メニューから[ウィンドウ]→[ブラシライブラリ]→[ボーダー]→[ボーダー_破線]を選択して、[ボーダー_破線]パネルを表示します。そこから適用するブラシを選択します(ブラシについてはp.168を参照)。

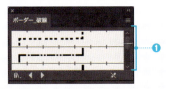

ボーダー_破線

Lesson 4-9 さまざまな矢印を作成する

Sample_Data/4-9/

矢印は、先述の破線や点線と同様に、とても汎用性の高いグラフィックの1つです。資料作成などでも頻繁に利用されています。Illustratorを使えば、実にさまざまな形状の矢印を作成できます。

矢印を作成する

矢印を作成するには、[選択]ツール で、[塗り：なし][線：ブラック]のオブジェクトを選択して❶、[線]パネルの[矢印]セクションのプルダウンメニューから始点と終点の形状を選択します❷。デフォルトで39種類用意されています。

組み合わせ次第で、右図のようにさまざまな矢印を作成できます❸。

> **Memo**
> ❹のボタンをクリックすると、始点と終点の形状が入れ替わります。また、矢印を解除するには、[矢印]プルダウンメニューから[なし]を選びます。

> **Memo**
> [倍率]では、線幅に対する矢印サイズの倍率を設定します❺。その際に[リンク]ボタン❻をオンにすると、始点と終点の倍率が連動します。

矢印の位置を調整する

[先端位置]では、矢印をパスの先端から描画するか、パスの先端に矢印の先端を合わせるかを指定します❼。

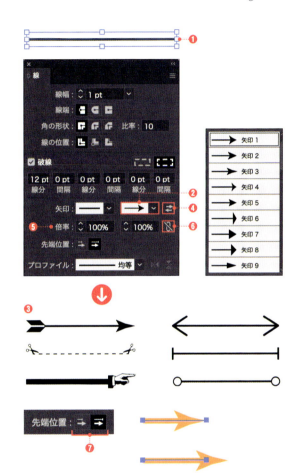

ここも知っておこう！ ▶ [ブラシライブラリ]を用いた矢印の作成

矢印は、上記の方法以外にも、[ブラシライブラリ]に登録されているブラシを適用して設定することもできます。

[線]にブラシストロークを適用するには、メニューから[ウィンドウ]→[ブラシライブラリ]→[矢印]から、目的のパネルを表示します。そこから適用するブラシを選択します（ブラシについてはp.168を参照）。

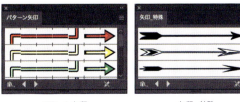

パターン矢印　　　　　矢印_特殊

Lesson 4-10 可変線幅を適用して線に強弱をつける

Sample_Data/4-10/

線に「可変線幅プロファイル」を適用すると、線に強弱をつけることができます。また[線幅]ツールを使用すれば、ドラッグ操作で線幅を部分的に変形できます。

可変線幅プロファイルの適用

線に可変線幅プロファイルを適用するには、次の手順を実行します。

01 [塗り：なし][線：ブラック]に設定したパスを描き、[選択]ツールで選択して❶、[コントロール]パネルの[可変線幅のプロファイル]から任意のプロファイルを選びます❷。

02 すると、始点から終点まで均等に同じ線幅だった線に、可変線幅プロファイルが適用され、線幅が変化します❸。

> **Memo**
> 可変線幅は、線幅が最も太い部分が線の[線幅]になります。そのため[線幅：1pt]の線に[可変線幅プロファイル]を適用しても、変化が見られない場合があります。そのような場合は、[線幅]を太く設定します。

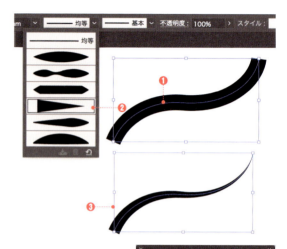

上記では[コントロール]パネルから適用しましたが、[線]パネルを表示して最下段の[プロファイル]セクションから適用することもできます。

[線幅]ツールで変形する

[線幅]ツールを使用すると、直感的なドラッグ操作で線幅を変形することができます。

次の手順を実行します。

01 [塗り：なし][線：ブラック]のパスオブジェクトを配置したうえで、ツールバーから[線幅]ツールを選択します❶。
パスオブジェクトの上にマウスポインターを重ねると、重ねた箇所にポイントが表示されます❷。

02 線を太くしたい箇所にマウスポインターを重ねて、そのまま外側にドラッグすると、ドラッグした箇所の線幅が拡がります❸。

このような線を「可変線幅を持つ線」と呼び、次の要素で構成されます。

▶ 線幅ポイント
▶ 線幅ポイントのハンドル

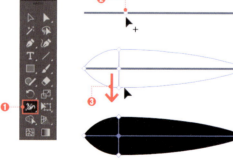

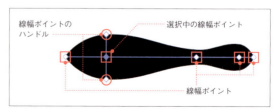

可変線幅を持つ線の形状は、「線幅ポイント」と「線幅ポイントのハンドル」の位置で決まります。

線幅ポイントとハンドルの編集

追加した線幅ポイントは、[線幅]ツール でドラッグして位置を移動できます❶。

線幅ポイントのハンドルを option (Alt)を押しながらドラッグすると、線幅の片側だけを変形できます❷。また、他にも下表のキー入力と組み合わせて、さまざまな変形を行うことができます。

線幅ポイントを削除した場合は、線幅ポイントを [線幅] ツール でクリックして選択し、 Delete (Back space)を押して削除します。

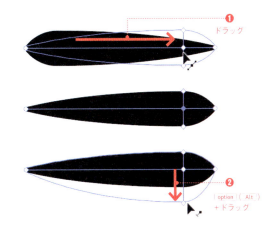

[線幅]ツールの操作とキー入力

項目	内容
線幅ポイントのハンドルをドラッグ	隣接する線幅ポイントの線幅も連動して変形する。
線幅ポイントのハンドルを option (Alt)+ドラッグ	線幅を片側だけ変形する。
線幅ポイントのハンドルを shift + option (Alt)+ドラッグ	線幅を片側だけ変形して、かつ隣接する線幅ポイントの線幅も片側だけ連動して変形する。
線幅ポイントを shift +クリック	複数の線幅ポイントを選択する。
線幅ポイントを shift +ドラッグ	複数の線幅ポイントを連動して移動する。
線幅ポイントを option (Alt)+ドラッグ	線幅ポイントを複製する。

数値指定で線幅ポイントを編集する

編集したい線幅ポイントを [線幅] ツール でダブルクリックして、[線幅ポイントを編集] ダイアログを表示すれば、数値指定で線幅ポイントを編集できます。

[側辺1] [側辺2] に異なる値を設定すれば、線幅の片側だけを変形できます。

[隣接する線幅ポイントを調整] にチェックをつけると、変形した値で滑らかに曲線がつながるように、隣接する線幅ポイントも自動的に変形されます。

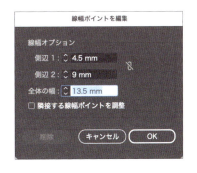

> **Memo**
> 変形して作成した可変線幅を持つ線は「可変線幅プロファイル」として保存できます。保存するには、次の手順を行います。
> 可変線幅を持つ線のオブジェクトを [選択] ツール で選択して、[コントロール] パネルまたは [線] パネルの [可変線幅プロファイル] の矢印をクリックしてプルダウンリストを表示して、[プロファイルに追加] ボタンをクリックして保存します❶。

Lesson 4-11 オブジェクトに複数の線を適用する

Sample_Data/4-11/

[アピアランス] パネルでアピアランス属性を操作すると、1つのオブジェクトに複数の [塗り] や [線] を適用できます。また [塗り] と [線] の重なり順を変更することも可能です。

基本アピアランス

初期設定では、描画したオブジェクトには、1つの [塗り] と1つの [線] が適用されます。これを「**基本アピアランス**」と呼びます。

オブジェクトを選択して [アピアランス] パネルの表示を確認します。パネルの上から順にオブジェクトの属性の重なり順に対応しています❶。

オブジェクトに複数の [線] を設定するには、次の手順を行います。

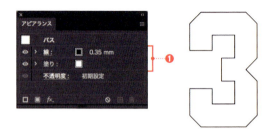

01 [選択] ツール で、基本アピアランスが適用されたオブジェクトを選択して❷、[アピアランス] パネルで [線] をドラッグして [塗り] の下にドロップします❸。

02 すると、[線] が [塗り] の背面に隠れて、[線] が半分の太さになります❹。なお、線幅が変更されたわけではなく、[塗り] の面によってパスの内側の [線] が隠れている状態です。
続けて、[線] を選択して❺、パネル左下部の [新規線を追加] ボタンをクリックします❻。

03 [線] の上に、同じ設定値で新しい [線] が追加されます❼。

04 下の [線] を選択して、[線幅] を太くし、上下それぞれの [線] の色を [カラー] パネルで変更すると❽、二重線のオブジェクトを作成できます❾。

> **Memo**
> [アピアランス] パネルは、各部位をクリックしてさまざまなパネルを表示して編集することができます。
>
>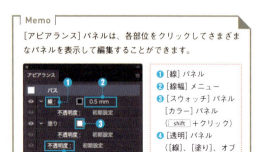
>
> ❶ [線] パネル
> ❷ [線幅] メニュー
> ❸ [スウォッチ] パネル
>   [カラー] パネル
>   (shift +クリック)
> ❹ [透明] パネル
>   ([線]、[塗り]、オブジェクト全体に適用)

104

［線］を［塗り］のオブジェクトに変換する

Sample_Data / 4-12 /

「線幅」や「角の形状」など、さまざまな設定を適用した［線］に［パスのアウトライン］を適用すると、［線］を［塗り］のオブジェクトに変換して、輪郭部分のパスを編集できるようになります。

パスのアウトラインを適用する

［線］を［塗り］のオブジェクトに変換するには、次の手順を行います。なお、ここではパスの形状がわかりやすいように、［ダイレクト選択］ツール 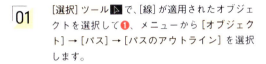 でオブジェクトを選択しています。

01 ［選択］ツールで、［線］が適用されたオブジェクトを選択して❶、メニューから［オブジェクト］→［パス］→［パスのアウトライン］を選択します。

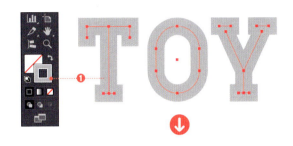

02 ［線］がアウトライン化されて、［塗り］のオブジェクトに変換されます❷。
なお、一度アウトライン化を行うと、［線］の情報はすべて失われます。

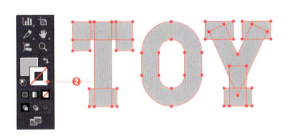

03 ［塗り］と［線］の両方に色が適用されたオブジェクトに［パスのアウトライン］を適用すると❸、［線］がアウトライン化されて［塗り］のオブジェクトに変換され、その背面に［塗り］だけのオブジェクトが作成されグループ化されます。グループを解除すると、右図のように別々のオブジェクトとして選択できます❹。

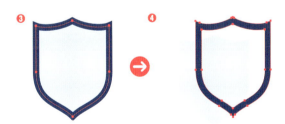

> **Memo**
> 「破線」や「矢印」、「可変線幅を持つ線」を適用した［線］も、外観が変わらないまま［塗り］のオブジェクトに変換することができます。

ここも知っておこう！　▶ アピアランスを分割する

左ページのように、アピアランス属性を編集して、複数の［線］を適用したオブジェクトの［線］をアウトライン化する場合は❶、メニューから［オブジェクト］→［パス］→［アピアランスを分割］を適用してから［パスのアウトライン］を適用します❷。

リボンの飾りフレームを描く

Sample_Data/4-13/

ここでは、シンプルな形状でありながらも、[ペン]ツールだけで描こうとすると若干難易度の高い「飾りつきのリボン」を描きます。いくつかの機能を使用するので、どのように組み合わせているかに注目してみてください。

01 [初期設定の塗りと線]をクリックして、[塗り]と[線]を初期化します❶。
ツールバーから[長方形]ツールを選択して❷、アートボード上をクリックします。
[長方形]ダイアログが表示されます。[幅：18mm][高さ：15mm]に設定して❸、[OK]ボタンをクリックし、長方形を描画します❹。

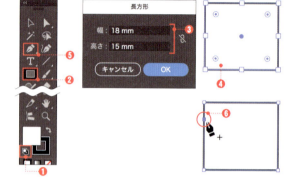

02 ツールバーから[ペン]ツールを選択して❺、右図のようにパスセグメント上をクリックして❻、アンカーポイントを追加します。

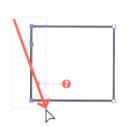
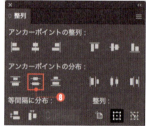

03 ツールバーから[ダイレクト選択]ツールを選択して、パスオブジェクトの左側の3つのアンカーポイントを囲むようにドラッグして選択します❼。
[整列]パネルの[垂直方向均等間隔に分布]ボタンをクリックします❽。
すると、追加したアンカーポイントがパスセグメント上の中央に配置されます❾。

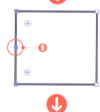

04 中央に配置されたアンカーポイントを[ダイレクト選択]ツールでクリックして選択したうえで、Return(enter)を押して、[移動]ダイアログを表示します。
[水平方向：6mm][垂直方向：0mm]に設定して❿、[OK]ボタンをクリックします⓫。
すると、右方向に6mm移動します⓬。

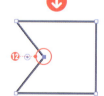

05 再度ツールバーから[長方形]ツールを選択して、[幅：60mm][高さ：15mm]の長方形を描画し、右図のように配置します⓭。
そのうえで、ここでいったん選択を解除します。

06 メニューから［表示］→［スマートガイド］を選択して［スマートガイド］をオンにします。
ツールバーから［ペン］ツール を選択して、右図のように、重なり合う長方形のアンカーポイント上をクリックして三角形のオブジェクト作成します❶。

［スマートガイド］をオンにすると、描画の際に「アンカー」と表示されるので、正確に描画できます。

07 ［選択］ツール で、はじめに描いたオブジェクトと三角形のオブジェクトを選択します❶❶。
ツールバーから［リフレクト］ツール を選択して、右図のように、長方形のパスオブジェクトの中心部分にマウスポインターを重ねて、「中心」と表示されたら❶、option （Alt）を押しながらクリックして、［リフレクト］ダイアログを表示します。

08 ［垂直］を選択して❶、［コピー］ボタンをクリックして複製します❶。

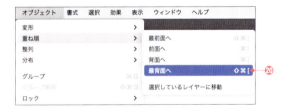

09 最前面に複製されるので、メニューから［オブジェクト］→［重ね順］→［最背面へ］を選択して❶、最背面に配置します❶。

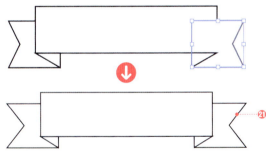

10 ［塗り］と［線］に次の値を設定し、［線］パネルで［線幅：1mm］［角の形状：ラウンド結合］（→p.99）に設定します❶。

▶ ［塗り］＝［C：10］［M：90］［Y：50］［K：0］
▶ ［線］＝［ホワイト］

11 ［選択］ツール ですべてのオブジェクトを選択して、メニューから［オブジェクト］→［グループ］を選択しグループ化します。
メニューから［効果］→［ワープ］→［円弧］を選択し❶、［ワープオプション］ダイアログを表示して、ワープ効果を適用して完成です❶（→p.154）。

Lesson 4-14 ［生成ベクター］機能でベクターグラフィックを生成する

Sample_Data / 4-14 /

［生成ベクター（Beta）］機能は、生成したいベクターグラフィックの内容を日本語で入力するだけで、その内容に沿ったベクターグラフィックを自動的に生成することができる機能です。

ベクターグラフィックを生成する

［生成ベクター（Beta）］は、［被写体］、［シーン］、［アイコン］の3種類のコンテンツを生成できます。目的に応じてコンテンツの種類を選び、プロンプトを入力して生成します。

01 ツールバーから［長方形］ツール■を選択して❶、アートボード上に長方形を作成します❷。この長方形の範囲内にベクターグラフィックが生成されます。
長方形を作成するとコンテキストタスクバーに［生成ベクター(Beta)］が表示されるのでクリックします❸。

02 プロンプトの入力欄が表示されるので、生成したいベクターグラフィックの説明を入力し❹、［コンテンツの種類とディテール］❺をクリックしてオプションを表示し、［被写体］、［シーン］、［アイコン］の3種の中から生成するコンテンツの種類を選びます❻。
［ディテール］では、スライダーをドラッグして生成するベクターグラフィックの細部の精細さを設定します❼。
設定を終えたら［生成］ボタンをクリックします❽。

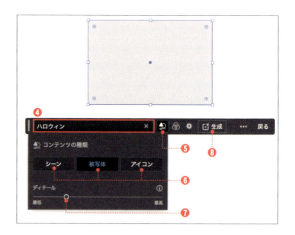

03 数十秒後に、指定した長方形の範囲にベクターグラフィックが生成されます❾。
［生成ベクター（Beta）］では、一度の生成で3つのバリエーションが生成されます。
［次のバリエーション］❿をクリックすると、2つ目⓫、3つ目⓬のバリエーションが、アートボード上の同じ位置で切り替わります。

> **Memo**
> 生成されたベクターグラフィックはグループ解除を行うと通常のパスオブジェクトとして、編集することができます。

[生成ベクター（Beta）] ダイアログ

生成されたバリエーションが、思い通りの結果にならなかった場合は、サンプルプロンプトを参考にしてより具体的で効果的なプロンプト入力や設定の理解を深めることができるでしょう。

01 ［コンテキストタスクバー］の［すべての設定を表示］をクリックして❶、［生成ベクター（Beta）］ダイアログを表示します。

02 ［生成ベクター（Beta）］ダイアログの右側の部分には、生成ベクターサンプルが表示されています。
サンプルをクリックすると❷、左上のプロンプト入力欄に［サンプルを生成したプロンプト］が表示され❸、また［コンテンツの種類］や［ディテール］がどのように設定さているか表示されます❹。

● ［線幅］ツールの操作とキー入力

項　目	概　要
❺スタイル参照	［自動］をオンにするとドキュメント内のベクターオブジェクトまたは画像のスタイルを生成に反映できる。［アセットを選択］アートワーク内の特定のオブジェクトからスポイトでスタイルを抽出できる。
❻効果	［フラットデザイン］、［ピクセルアート］、［アイソメトリック］などのプリセット効果を選択して、生成結果に反映できる。
❼カラーとトーン	［カラープリセット］で使用するカラープリセットを選択できる。［カラー数］で生成に使用するカラーの数を設定できる。［カラーを指定］で最大12色を指定できる。

生成されたバリエーション

［生成ベクター（Beta）］機能で生成したすべてのバリエーションは、ドキュメント内に保存されます。保存されているバリエーションの確認や編集をするには、以下の手順で行います。

01 メニューから［ウィンドウ］→［生成されたバリエーション］を選択して、［生成されたバリエーション］パネルを表示すると、確認できます。
再度バリエーションを生成するには、パネル内のバリエーションにマウスを重て、表示される［…］を❶クリックしてオプションを開き、［類似を生成］を選択します❷。
［配置］を選択すると❸、アートボード上にバリエーションを配置できます。

［鉛筆］ツールでフリーハンドの線を描く

Sample_Data/4-15/

［鉛筆］ツール を使用すると、紙に鉛筆で線を描くようにして、フリーハンドの線を描画できます。ペンタブレットを使用すると、より一層、繊細な線を描画できます。

［鉛筆］ツールの利用

［鉛筆］ツール を使うには、次の手順を実行します。

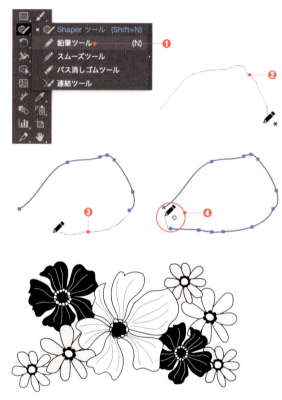

01 ツールバーから［鉛筆］ツール を選択して❶、ドキュメント上をドラッグします。すると、ドラッグした軌跡にパスが描画されます❷。

02 描画した線を選択した状態で、線の終点からドラッグを開始すると、既存の線を伸ばすことができます❸。
また、パスを閉じる設定にすると、マウスポインターを線の始点に近づけて、ポイントの右横に「○」が表示されたタイミングでマウスポインターをはなすと❹、パスの始点と終点が連結されます。

> **Memo**
> 描画中に option （ Alt ）を押すと、自由な方向に直線を描画できます。

03 ［鉛筆］ツール に関する設定項目を変更するには、ツールバーの［鉛筆］ツール をダブルクリックして、［鉛筆ツールオプション］ダイアログを表示します。

［鉛筆ツールオプション］の設定項目

項目	説明
精度	精度を5段階で選択する。［精細］を選択すると、精細なパスを描画できる。
鉛筆の線に塗りを適用	チェックが外れていると、描画したパスが［塗り：なし］になる。
選択を解除しない	チェックをつけると、線を描き終わった後に、線が選択された状態になる。
option キーでスムーズツールを使用	option を押している間は、［鉛筆］ツールがスムーズツールに切り替わる。
両端が次の範囲内のときにパスを閉じる	チェックをつけて値を指定すると、始点と終点が指定した距離以内のときにパスが閉じる。
選択したパスを編集	チェックをつけると、選択したパスを［鉛筆］ツールでドラッグして修正できる。
範囲	選択したパスを編集する際に、どの程度近くをドラッグしたら修正できるかを設定する。

Lesson 5

Basic Knowledge of Path Objects and Layers.

オブジェクトの編集と
レイヤーの基本

思い通りのアートワークに仕上げるための必修知識

本章では、複数のオブジェクトを整列させる方法や重ね順を変更する方法、およびグループ化や編集モードなどについて詳しく解説します。多くの場合、Illustratorの作業では複数のオブジェクトを作成し、それらを組み合わせたり、合成したりしながら、1つのアートワークを作り込んでいきます。

Lesson 5-1 オブジェクトを整列させる

Sample_Data/5-1/

[整列]パネルを使用すると、複数のオブジェクトの位置を任意の箇所で揃えたり、均等な間隔に並べて配置したりできます。また、アートボードを基準に整列させることもできます。

[整列]パネルの構成

[整列]パネルを表示するには、メニューから[ウィンドウ]→[整列]を選択します。

[整列]パネルは[オブジェクトの整列]❶、[オブジェクトの分布]❷、[等間隔に分布]❸の3つのセクションから構成されています。

オブジェクトを整列・分布させるには、最初に[選択]ツール などで、対象のオブジェクトを選択します❹。

[等間隔に分布]が表示されていない場合は、パネルメニューから[オプションを表示]を選択します。

> **Memo**
> 複数のオブジェクトを選択すると、[プロパティ]パネルや[コントロール]パネルにも[整列]パネルの内容が表示されます。また、コンテキストタスクバーから表示することもできます。

上図の各オブジェクト(1つ1つの木)は、それぞれがグループ化してあります(→p.114)。

オブジェクトを整列する

オブジェクトを整列するには、[オブジェクトの整列]セクションのボタンをクリックします。ここでは[垂直方向下に整列]ボタンをクリックして、各オブジェクトの下のラインを揃えています。

中央を基準に均等に配置する

オブジェクトを均等に分布するには、[オブジェクトの分布]セクションのボタンをクリックします。ここでは[水平方向中央に分布]ボタンをクリックして、各オブジェクトの垂直方向の中心線を基準に均等配置しています。

等間隔に並べる

オブジェクトを等間隔に並べるには、[等間隔に分布]セクションのボタンをクリックします。ここでは[水平方向等間隔に分布]ボタンをクリックして、各オブジェクトを水平方向に等間隔で配置しています。

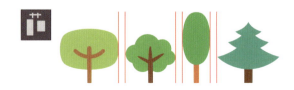

112

間隔を指定して等間隔に分布

複数のオブジェクトを選択した後に、再度、[選択]ツール で特定のオブジェクトをクリックすると、そのオブジェクトは「**キーオブジェクト**」（整列の基準になるオブジェクト）になり、[整列]セクションで[キーオブジェクトに整列]が自動的に選択されます❶。

キーオブジェクトを設定すると[等間隔に分布]セクションの[間隔値]がアクティブになります❷。ここに任意の数値を入力して[水平方向均等間隔に分布]ボタンをクリックすると❸、指定した値の間隔でオブジェクトが均等に配置されます。マイナス値も入力できます。

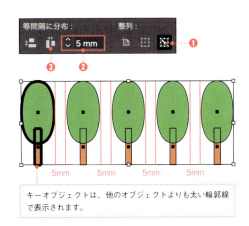

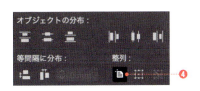

キーオブジェクトは、他のオブジェクトよりも太い輪郭線で表示されます。

アートボードを基準に整列する

[整列]セクションから[アートボードに整列]を選択し❹、この状態で[水平方向中央に整列]ボタンと、[垂直方向中央に整列]ボタンを続けてクリックすると、オブジェクトがアートボードの中央に配置されます❺。

ここも知っておこう！ ▶ [プレビュー境界を使用]の利用

Illustratorの初期設定では、[パスの境界線]を基準に整列や分布が行われます。このとき、[線幅]や[線の位置]（→p.99）などは無視されます。そのため、例えば[線幅]がとても太いオブジェクトを初期設定のまま整列させると下図のように、想定と異なる状態になることがあります❶。

このような場合に、[線幅]も考慮して整列させるには、パネルメニューの[プレビュー境界を使用]を有効にします❷。この機能を有効にすると、オブジェクトを[パスの境界線]ではなく、[プレビュー境界]に整列できます❸。

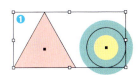

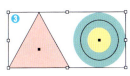

初期設定では[パスの境界線]で揃います。

[線幅]も考慮されて、オブジェクトが揃います。

Lesson 5-2 オブジェクトのグループ化

Sample_Data/5-2/

Illustratorでは、複数のオブジェクトを「グループ化」することができます。グループ化すると、それらのオブジェクトを1つのオブジェクトとして扱うことができます。

グループ化・グループ解除

複数のオブジェクトをまとめて変形する際や移動する際などに、グループ化します。

グループ化の手順

複数のオブジェクトを1つのグループにするには、[選択]ツール で対象のオブジェクトを選択して❶、メニューから[オブジェクト]→[グループ]を選択します❷。

すると、選択したオブジェクトがグループ化されます。グループ化したオブジェクトのことを「**グループオブジェクト**」といいます。

グループ解除

グループを解除するには、[選択]ツール で対象のグループオブジェクトを選択して、メニューから[オブジェクト]→[グループ解除]を選択します❸。

メニューから[すべてグループ解除]を選択すると、入れ子(ネスト)のグループオブジェクトを一括でグループ解除できます。

```
Short cut
グループ化
Mac: ⌘ + G    Win: Ctrl + G

グループ解除
Mac: ⌘ + shift + G    Win: Ctrl + shift + G

すべてグループ解除
Mac: option + shift + G
Win: Alt + shift + G
```

グループオブジェクトの表示

グループオブジェクトを[選択]ツール でクリックすると、グループ全体が選択されます。

[レイヤー]パネルで確認すると、<グループ>という名前が表示されていることがわかります❶。また[コントロール]パネルや[プロパティ]パネルにも<グループ>と表示されます❷。

また、グループオブジェクトは入れ子にできます。ここでは「桜のめしべとおしべ」のグループ❸と、「桜の花びら」のグループ❹を、さらにグループ化しています。

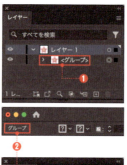
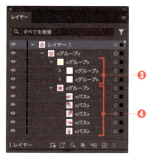

グループオブジェクトの選択

グループオブジェクト内の、個別のオブジェクトを選択したい場合は、[グループ選択]ツール を使用します。連続クリックする回数によって、選択の範囲が変わります。トリプルクリックすると、グループオブジェクト全体が選択されます。

クリック　　ダブルクリック　　トリプルクリック

[ダイレクト選択]ツール を使用時に、option (Alt)を押すと、一時的に[グループ選択]ツール に切り替わります。

114

Sample_Data/5-3/

Lesson 5-3 編集モードでグループオブジェクトを編集する

グループオブジェクトを適切に扱うためには、Illustratorの「編集モード」の仕組みを理解しておくことが大切です。

グループオブジェクトと編集モード

右図では個々の「ビル」と、それらを含む「ビル群」がグループ化されています。

グループ化したオブジェクト群のなかの特定のオブジェクトのみを編集するには、［選択］ツール でグループオブジェクトをダブルクリックします❶。すると、ドキュメントが「**グループ編集モード**」に切り替わり、タイトルバーの下に［編集モード］バーが表示され、編集対象のグループオブジェクトの［名前］と［階層の位置］が表示されます❷。

また、編集モード中のグループオブジェクトは、グループ解除を行ったかのように、それぞれを個別のオブジェクトとして扱うことができます。

> **Memo**
> 編集対象のグループオブジェクト以外は、すべてが半調して薄く表示され、自動的にロックされた状態になります。

> **Memo**
> 編集モード中に、さらにオブジェクトをダブルクリックすると、グループオブジェクト内にネスト（入れ子）になっている、グループオブジェクトを編集できるようになります❸。

編集モードを終了する

編集モードを終了するには、［選択］ツール で「編集対象のオブジェクト以外の任意の箇所」をダブルクリックします。また、下破線で表示された上の階層名をクリックすると、1つ上の階層の編集に戻ることができます❹。

> **Memo**
> グループの編集は、［プロパティ］パネルから行うこともできます。
>
> ❺グループ解除
> ❻グループ編集モード

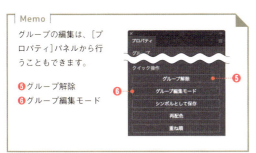

Lesson 5-4 複数のパスを1つのパスとして扱う

Sample_Data/5-4/

複合パスを作成すると、重なり合う複数のパスや、隣接していない複数のパスオブジェクトを、1つのパスとして扱うことができます。

複合パスを作成する

複合パスは、複数のパスを1つのパスとして扱います。単色のロゴマークやアイコンなどの制作や、右ページのような用途の際に複合パスを作成します。

ここでは右図の電球のイラストを複合パスに変換します。

01 [選択]ツール ▶ でオブジェクトを全体を選択します❶。

02 メニューから[オブジェクト]→[複合パス]→[作成]を選択します❷。

03 すると、選択したパスが複合パスに変換されます。この時点では、見た目上の変化はありませんが、[レイヤー]パネルを確認すると、個別の〈パス〉だったオブジェクトが、〈複合パス〉に変換されて、1つのパスオブジェクトとして扱われていることが確認できます❸。

04 複合パスを作成すると、対象のオブジェクト(複数のパスで構成されるオブジェクト)を、1つのパスオブジェクトとして選択できるようになるので、移動や色の変更などの操作が容易になります❹。

> **Memo**
> グループ化(→p.114)することでも、複数のオブジェクトを1つのオブジェクト(グループオブジェクト)として扱うことができます。
> グループ化では、パスやテキスト、画像といった、それぞれが個別の設定のオブジェクトを内包して1つのグループオブジェクトにします。

116

複数のパスを型抜きする

複数のパスを型抜きするには、事前に対象のオブジェクトから複合パスを作成します。

例えば右図の場合は、まず、花びらのオブジェクトをすべて選択して、複合パスを作成し、そのうえで、前面の黒丸の線（パス）を含む、すべてのオブジェクトを選択して❶、[パスファインダー] パネルの [前面オブジェクトで型抜き] ボタンをクリックします❷。

すると、前面の黒丸の線で複数のオブジェクトを型抜きすることができます❸。このような使い方も、[複合パス] の活用例の1つです。

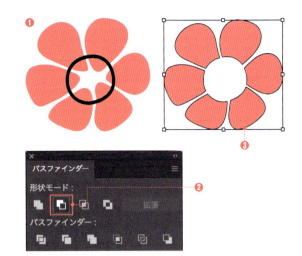

複数のパスでクリッピングマスクを作成する

クリッピングマスクは、1つのパスでしか適用できないため、隣接しない複数のパスで画像にクリッピングマスクを作成したい場合は、複数のパスを複合パスに変換して行います。

前面に配置した、マスクとして使用するパスを選択して複合パスに変換してから、[選択] ツールで前面の複合パスと背面の画像を選択し❹、メニューから [オブジェクト]→[クリッピングマスク]→[作成] を選択します。すると、画像にクリッピングマスクが適用されて、前面パスの形状以外が隠れます❺。

> ここも知っておこう！ ▶ **オブジェクトの型抜きと交差**

複数のオブジェクトを重ねた状態で複合パスを作成すると、オブジェクトが重なっている部分が型抜きされて、オブジェクトに穴が開きます❶。作成される複合パスには、最背面のオブジェクトのペイント属性とスタイル属性が適用されます。

一方、交差して重なっているパスを複合パスに変換すると、交差する部分が抜けて穴が開き、交差しない部分には最背面のオブジェクトのペイント属性とスタイル属性が適用されます❷。

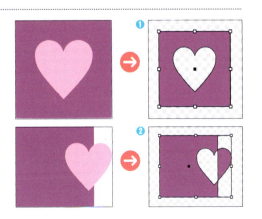

Sample_Data/5-5/

Lesson 5-5 オブジェクトの[重ね順]を理解する

Illustratorのオブジェクトは、描画・配置した順番に前面に重なっていきます。この重ね順は、メニューから[オブジェクト]→[重ね順]を選択することで、いつでも変更できます。

重ね順を変更する

右図では、花びらの重ね順が意図する順番にはなっていません。そこで、意図する順番に重ね順を変更します。

[選択]ツールで重ね順を変更するオブジェクト(ここでは「花のがく」)を選択して❶、メニューから[オブジェクト]→[重ね順]→[最前面へ]を選択します❷。すると、重ね順が変わり、最前面に配置されます。

続けて、[選択]ツールで左右の「花びら」を選択して❸、メニューから[オブジェクト]→[重ね順]→[背面へ]を選択します。

これで意図する順番になりました❹。

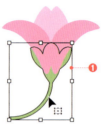

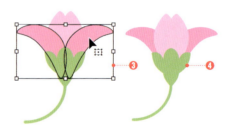

[レイヤー]パネルで確認

オブジェクトの重ね順は、[レイヤー]パネルでも確認できます❺。アートワークが複雑になればなるほど、重ね順はわかりづらくなります。そのような場合は、[レイヤー]パネルを操作して、重ね順を確認したり、変更したりしてください。

[レイヤー]パネルの操作方法は、p.120で解説します。

ここも知っておこう！ ▶[背面描画]モード

ツールバーの最下部にある[描画方法の切り替え]のボタンで[背面描画]モードに切り替えると❶、最初に作成したオブジェクトが常に最前面に配置されて、以降に作成したものから順番に背面に作成されるようになります。つまり、通常時とは逆の順序でオブジェクトが重なっていきます。

Lesson 5-6 レイヤーの基礎知識

Sample_Data / 5-6 /

Illustratorを使いこなすうえで、「レイヤー」機能の理解は不可欠です。レイヤーにはさまざまな機能が用意されていますが、それらの解説に先だって、そもそも「レイヤー」とは何であるのかについて解説します。

レイヤーとは

レイヤーとは、**透明なフィルムのようなもの**です。レイヤーの上には、パスオブジェクトだけでなく、画像やテキストオブジェクトなど、**Illustratorで扱うことのできる、すべてのオブジェクトを配置できます**。レイヤーに関する操作は[レイヤー]パネルで行います。

Illustratorでは、デザインやアートワークを制作する際に、必ずといっていいほど、レイヤーを使います。右図を見てください。正面から見ると一枚のアートワークですが、このアートワークは「タイトル」「テキスト」「写真」といった複数の要素を、レイヤーを分けて重ね合わせることで成り立っています。

Illustratorでは通常、こういった異なる要素を別々のレイヤー上で管理します。

レイヤーと[重ね順]の使い分け

前ページで紹介した[重ね順]も、オブジェクトの前後関係を操作する機能でした。そういった意味では、レイヤーと[重ね順]は類似機能といえます。

これらの機能の使い分け方は、人によって異なるのですが、基本的には、次のように使い分けると便利です。

レイヤー概念のイメージ図

● レイヤーと[重ね順]の使い分け

機能	説明
重ね順	[重ね順]は、同一レイヤー内でのみ、重ね順を変更できる。レイヤーをまたいで重ね順を入れ替えることはできない。そのため、重ね順の前後の関係が関係し合う関連性のあるオブジェクト同士は、なるべく小さい単位ごとにグループ化して、同じレイヤーに配置し、重ね順でオブジェクト同士の関係性を管理する。
レイヤー	テキスト群、イラスト群、画像群のように、関連性の高いオブジェクト群を各レイヤーに振り分けて配置すると、作業効率を高められる。

Lesson 5-7 レイヤーの基本操作

Sample_Data/5-7/

初期設定ではレイヤーは1つです。状況に応じて［レイヤー］パネルで新規レイヤーを追加して、アートワークをパーツごとにレイヤーを分けて管理すると、効率良く作業を行うことができます。

［レイヤー］パネルの基本操作を理解する

アートワークが複雑化した際には、レイヤーを追加して同じ要素やパーツごとにレイヤーを分けて管理します。そうするとレイヤーの表示／非表示を切替えたり（→p.122）、特定のレイヤーのオブジェクトを選択や編集ができないようにロックしたり（→p.123）、目的のオブジェクトを素早く選択できて、効率良く作業を行うことができます。レイヤーに関する操作は［レイヤー］パネルで行います。レイヤーの基本操作はしっかりと覚えておきましょう。

レイヤーを展開する

▶をクリックして❶レイヤーを展開することができます。展開するとドキュメント内の各オブジェクトの重ね順が上から順に表示されます❷。

新規レイヤーを作成する

［新規レイヤーを作成］ボタンをクリックすると❸、選択しているレイヤーの上に新規レイヤーが作成できます❹。

レイヤーの重なり順を変更する

重なり順を変更したいレイヤーを、移動したい階層にドラッグ＆ドロップします❺。

レイヤーの複製／削除

レイヤーを［新規レイヤーを作成］ボタンにドラッグ＆ドロップすると、レイヤーを複製できます❻。

また、レイヤーを削除するには、レイヤーを［選択項目を削除］ボタン上にドラッグ＆ドロップするか、または［選択項目を削除］ボタンをクリックして削除します❼。

レイヤーの名前やカラーを変更する

レイヤー名の横の箇所をダブルクリックして、［レイヤーオプション］ダイアログを表示し、該当項目の設定を変更します❽。

または、レイヤー名をダブルクリックして、直接名前を変更できます。

［カラー］で、ドキュメント上でオブジェクトを選択した際のパスの境界線の色を変更できます。

Sample_Data/5-8/

オブジェクトを別のレイヤーに移動する

オブジェクトを別のレイヤーに移動するには、オブジェクトを選択して［レイヤー］パネル上で移動したいレイヤーまで［カラーボックス］をドラッグします。なお、複数のオブジェクトを移動することもできます。

レイヤーを分けてアートワークを管理する

ここでは右図のアートワークを例に［レイヤー］パネルの基本操作を解説します。

このアートワークの要素を大別すると、「タイトル部分」「文字」「画像」「背景」の4つの要素からなります。

前ページの手順で、新規レイヤーを作成して、レイヤー名を変更し各レイヤーにオブジェクトを振り分けます。なお、実制作時には、必要に応じて、その都度、新規レイヤーを追加しながら作業を行います。

01 ［選択］ツール で別のレイヤーに移動したいオブジェクトを選択して❶、オブジェクトが現在どのレイヤー上にあるのかを、［レイヤー］パネルで確認します。
選択しているオブジェクトが配置されているレイヤーには、レイヤー名の右側にある［選択コラム］に、色のついた四角形の［カラーボックス］が表示されます❷。

02 ［カラーボックス］を移動先のレイヤー上までドラッグ＆ドロップします❸。
これで、移動先のレイヤーにオブジェクトを移動することができます。
移動したオブジェクトのパスの境界線の色は、移動先のレイヤーの［カラーボックス］の色になります❹。
移動したオブジェクトは、移動先のレイヤー上の重ね順が最前面に配置されます。

Memo

［選択］ツール で選択しなくても、［レイヤー］パネル上でオブジェクトを選択することができます。
レイヤーを展開して、選択したい＜パス＞や＜グループ＞などのオブジェクトの右側の［選択コラム］をクリックすると、［ターゲットコラム］のアイコンの表示が二重丸に変わり、［カラーボックス］が表示されます❺。ドキュメントウィンドウ上では、［レイヤー］パネル上でクリックしたオブジェクトが選択状態になります。
［検索ボックス］にレイヤー内のオブジェクトの名称を入力して検索することができます❻。
また、［フィルターを適用］ボタン❼をクリックして表示されるプルダウンメニューから、［パス］、［シェイプ］、［テキスト］、［画像］など特定の属性のオブジェクトのみを、［レイヤー］パネルに表示することができます。

Sample_Data / 5-9 /

Lesson 5-9 レイヤーの表示/非表示を切り換える

[レイヤー]パネルの[表示の切り換え]ボタンをクリックして、レイヤーやオブジェクトの表示/非表示を切り替えることができます。非表示にして一時的に隠すことで、下のオブジェクトを選択や確認ができます。

■ レイヤーの表示/非表示を切り替える

[レイヤー]パネルの[表示の切り換え]ボタンをクリックすると、[表示の切り換え]ボタンが空欄になり❶、クリックしたレイヤーに含まれるすべてのオブジェクトが非表示になります❷。

再度表示するには、空欄の[表示の切り換え]ボタンをクリックします。

> **Memo**
> [option]([Alt])を押しながら、[表示の切り換え]ボタンをクリックすると、クリックしたレイヤー以外のレイヤーの表示が切り替わります。

■ オブジェクトを非表示にする

01 [選択]ツール で非表示にしたいオブジェクトを選択して❸、メニューから[オブジェクト]→[隠す]→[選択]を選択します❹。

02 これで選択したオブジェクトが非表示になります❺。複数のオブジェクトを同時に選択して隠すこともできます。
非表示になったオブジェクトを、再度表示するには、メニューから[オブジェクト]→[すべてを表示]を選択します❻。

> **Short cut**
> 選択したオブジェクトを隠す / すべてを表示
> Mac: ⌘ + 3 / ⌘ + option + 3
> Win: Ctrl + 3 / Ctrl + Alt + 3

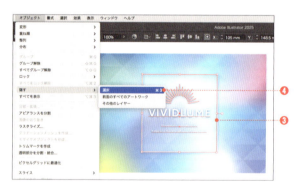

> **Memo**
> [レイヤー]パネルで、レイヤーを展開して任意のオブジェクトを非表示にすることと、[選択]ツール で任意のオブジェクトを選択して、メニューから[オブジェクト]→[隠す]→[選択]でオブジェクトを非表示にすることは同じことです。
> そのためメニューから[オブジェクト]→[すべてを表示]を選択すると、すべての非表示のオブジェクトが表示されます。

レイヤーをロックして選択・編集できないようにする

Sample_Data / 5-10 /

［レイヤー］パネルの［ロックを切り替え］ボタンをクリックして、レイヤーやオブジェクトを一時的にロックして選択・編集できないようにすることができます。

レイヤーをロックする

［ロックを切り替え］ボタン（初期設定は空欄）をクリックすると、ロック状態を示す鍵のアイコンが表示され❶、レイヤーに含まれるすべてのオブジェクトが編集不可になります。右図ではロックしたオブジェクト以外を選択しています❷。

ロックを解除するには、鍵のアイコンをクリックします。

> **Memo**
> レイヤーが複数ある場合は、［ロックを切り替え］ボタン上をドラッグして、まとめて切り替えることができます。

オブジェクトをロックする

01 ［選択］ツールでオブジェクトを選択して❸、メニューから［オブジェクト］→［ロック］→［選択］を選択します❹。

02 これで選択したオブジェクトはロックされます。ロックを解除するまで選択することはできません❺。複数のオブジェクトを同時に選択してロックすることもできます。
ロックを解除するには、メニューから［オブジェクト］→［すべてをロック解除］を選択します❻。

> **Short cut**
> 選択したオブジェクトをロック / ロックを解除
> Mac: ⌘ + 2 / ⌘ + option + 2
> Win: Ctrl + 2 / Ctrl + Alt + 2

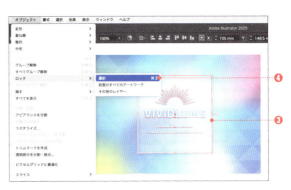

> **Memo**
> ［レイヤー］パネルで、レイヤーを展開して任意のオブジェクトをロックすることと、［選択］ツールで任意のオブジェクトを選択して、メニューから［オブジェクト］→［ロック］→［選択］でオブジェクトをロックすることは同じことです。
> そのためメニューから［オブジェクト］→［すべてをロック解除］を選択すると、すべてのオブジェクトのロックが解除されます。

Sample_Data/5-11/

レイヤーをアウトライン表示に切り換える

レイヤーの表示をアウトライン表示に切り換えると、複雑に入り組んだり、重なり合うオブジェクトの背面に隠れたアンカーポイントなどの確認や編集を行うことができます。

レイヤーをアウトライン表示に切り換える

⌘（Ctrl）を押しながら、[表示の切り換え]ボタンをクリックすると、[表示の切り換え]ボタンがアウトライン表示を示すアイコンに変わり❶、クリックしたレイヤーに含まれるすべてのオブジェクトがアウトライン表示に切り換わります❷。

プレビュー表示に切り換えるには、再度⌘（Ctrl）を押しながら、[表示の切り換え]ボタンをクリックします。

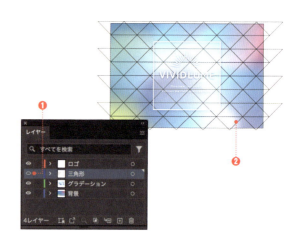

ドキュメントをアウトライン表示に切り換える

メニューから[表示]→[アウトライン]を選択します❸。するとドキュメントウィンドウ内のすべてのオブジェクト（すべてのレイヤー）がアウトライン表示に切り換わります。

元の表示（プレビュー表示）に戻すには、メニューから[表示]→[プレビュー]を選びます❹（→p.37）。

なお、ドキュメントの表示モードは、ドキュメントウィンドウのファイル名の右横で確認できます。

Short cut
アウトライン表示 / プレビュー表示
Mac: ⌘ + Y　　Win: Ctrl + Y

ここも知っておこう！ ▶ アウトライン画面で配置した画像を表示する

メニューから[ファイル]→[ドキュメント設定]を選択して、[ドキュメント設定]ダイアログを表示し、[アウトライン画面で配置した画像を表示]にチェックをつけると、アウトライン表示に切り換えた際に、ドキュメント内に配置したビットマップ画像が2階調で表示されます。

なお、この機能はCPUプレビュー表示の際のみ有効です（→p.37）。

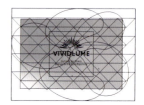

[塗り]や[線]の色が同じオブジェクトを選択する

Sample_Data/5-12/

[選択]メニューや[自動選択]ツールで、選択したオブジェクトと共通する条件を指定して、複数のオブジェクト内から、効率的に目的のオブジェクトを選択することができます。

共通のカラー(塗り)のオブジェクトを選択する

ここでは[塗り]の色が同じオブジェクトを選択します。

[選択]ツール、または[ダイレクト選択]ツールで、選択したい[塗り]色のオブジェクトを1つだけ選択して❶、メニューから[選択]→[共通]→[カラー(塗り)]を選択します❷。

すると、選択したオブジェクトと[塗り]の設定が同じすべてのオブジェクトが一括で選択されます❸。

なお、[カラー(塗り)]以外にも[アピアランス]や[描画モード][グラフィックスタイル][シンボルインスタンス]などの属性値を基準にオブジェクトを選択できます。

> **Memo**
> テキストオブジェクトを選択して、同じ「フォントファミリー」や「フォントサイズ」などを選択することもできます。

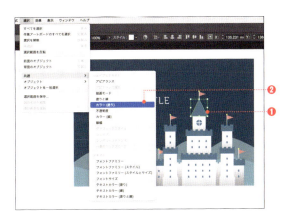

自動選択ツールで許容値を指定する

[自動選択]ツールは[許容値]を設定して、共通の属性を持つオブジェクトを選択することができます。[自動選択]ツールの設定は、ツールバーの[自動選択]ツールをダブルクリックして❹、[自動選択]パネルを表示して行います。

選択したい[属性]にチェックをつけて、必要に応じて[許容値]を設定します❺。[許容値]が不要な場合は、値を「0」に設定します。

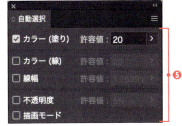

> **Memo**
> 許容値とは、[自動選択]ツールで選択したオブジェクトの属性値から、「どれくらいの範囲内のオブジェクトを選択するか」を示す値です。上記で設定した、[カラー(塗り)]にチェックをつけて[許容値:20%]に設定した場合に、[塗り:C=50 M=0 Y=0 K=0]のオブジェクトを[自動選択]ツールでクリックすると、[塗り:C=30～70% M=0～20% Y=0～20% K=0～20%]に設定されているオブジェクトが選択されます。
> 例えば[不透明度]を[許容値:20%]に設定して、[自動選択]ツールで[不透明度:50%]のオブジェクトをクリックすると、[不透明度:30～70%]に設定してあるオブジェクトをすべて選択できます。

COLUMN

透明部分を分割・統合する

透明部分を分割・統合する

描画モードや［ドロップシャドウ］効果など、透明機能は、Illustratorで多彩な表現を実現する際に、欠かせない重要な機能の1つです。

ドキュメント内で、透明機能を使用している場合は、プリントする際や透明をサポートしていない形式に保存したり、書き出したりする際に、透明部分を分割・統合を行うことが必要になります。この処理は、自動的にドキュメント全体に一括で行われています。

自動で一括ではなく、特定のオブジェクトを個別に、または確認しながら分割・統合を行いたい場合は、次の手順で行います。

01 ［選択］ツール でオブジェクトを選択して❶、メニューから［オブジェクト］→［透明部分を分割・統合］を選択し、［透明部分を分割・統合］ダイアログを表示します。

02 ［プレビュー］にチェックをつけて❷、確認しながら設定を行います。
［プリセット］を選択して❸、［ラスタライズとベクトルのバランス］スライダを調節します。［ラスタライズ］寄りにスライドすると❹、統合されて画像になる割合が高くなります。
設定後に［OK］ボタンをクリックすると、オブジェクトが分割・統合されます。見た目は変わりませんが、［リンク］パネルを確認するとオブジェクトが分割・統合されて埋め込み画像に変換されていることがわかります❺。

03 一方、［分割・統合プレビュー］パネルを使用すると、どの部分が透明オブジェクトなのか、どのように分割・統合されるのかを、手軽にシミュレーションできます。
［分割・統合］の設定を変更したら、［更新］ボタンをクリックします❻。
［ハイライト］で選択した項目が❼、赤くハイライト表示され確認できます❽。

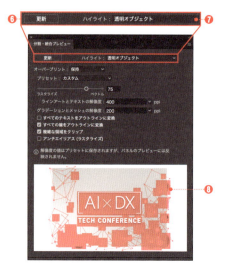

Lesson 6
Setting of Colors and Gradations

色とグラデーションの設定
オブジェクトにカラーを設定するさまざまな方法と機能

本章では、Illustratorのオブジェクトの構成要素である[塗り]と[線]の基本概念を丁寧に解説したうえで、これらにカラーやグラデーションを設定する方法を解説します。Illustratorではいろいろな方法でカラーを設定できます。

Sample_Data/6-1/

Lesson 6-1 ［塗り］と［線］の基本概念を理解する

Illustratorを使いこなすうえでは、早い段階で［塗り］と［線］の概念を理解しておくことが重要です。図形を描画する際は常に［塗り］と［線］を意識しながら作業してみてください。

基本アピアランス

Illustratorの初期設定では、描画系のツールで作成したパスオブジェクトは必ず、1つの［塗り］と1つの［線］で構成されます。これを「**基本アピアランス**」と呼びます。

パスオブジェクトの［塗り］と［線］には、ツールバーや［コントロール］パネルにある［塗り］ボックスと［線］ボックスに設定されている色が適用されます❶❷❸❹。この色はいつでも変更可能です。

> **Memo**
> 後述しますが、［アピアランス］パネルの操作で、基本アピアランスに「複数の［塗り］や［線］」を追加したり、「［不透明度］や［描画モード］、［効果］」などといった、アピアランス属性を編集することができますが、その前にまずは基本操作をしっかりと身につけます。

［塗り］と［線］に設定できる色

［塗り］と［線］には、特定の色以外にも、グラデーション（→p.138）やパターン（→p.158）も設定できます❺❻。

また、［線］には色以外の設定項目として、［線幅］や［角の形状］［破線］などがあります。これは［線］パネルで設定します。［線］パネルの使い方についてはp.98で解説します。

［塗り］・［線］ボックスの場所

［塗り］と［線］ボックスは、さまざまなパネル上にあり、それぞれが連携しています。現在の作業に適したパネルから素早くアクセスして設定できます。

なお、本書では、カラー設定は主に［コントロール］パネルを使って解説を行います。

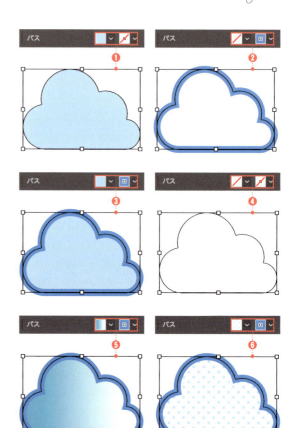

Lesson 6-2 ［カラー］パネルの基本操作

Sample_Data/6-2/

パスオブジェクトの［塗り］や［線］の色は、［カラー］パネルで指定できます。［カラー］パネルはほぼすべての制作過程で使用することになる、大変重要な機能の1つです。

［カラー］パネルで色を設定する

［選択］ツール でパスオブジェクトを選択して❶、［コントロール］パネルの［塗り］または［線］ボックスを shift を押しながらクリックすると❷、［カラー］パネルが表示されます。

［カラースライダー］をドラッグするか、［入力ボックス］に数値を入力して色を指定します❸。
すると、オブジェクトの色の変化を確認しながら色を設定できます。

> **Memo**
> shift を押しながら、［カラースライダー］をドラッグすると、他のスライダーも比例して移動できます。濃度や輝度を変更できます。

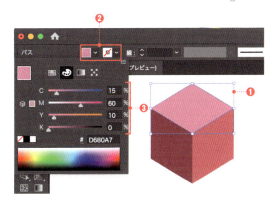

カラーピッカーで色を設定する

ツールバーや［カラー］パネルの［塗り］または［線］ボックスをダブルクリックすると❹、［カラーピッカー］ダイアログが表示されます。［カラーピッカー］ダイアログを使用すると直感的に色を選択できます。

最初に［H（色相）］、［S（彩度）］、［B（明度）］、［R（レッド）］、［G（グリーン）］、［B（ブルー）］のいずれかをクリックして［カラースライダー］を選択し❺、［カラースライダー］や［カラースペクトル］内をクリックまたはドラッグして色を指定します❻。［元の色］と［新しい色］を比較できます❼。色が決まったら［OK］ボタンをクリックします❽。

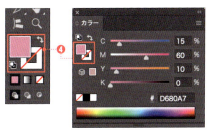

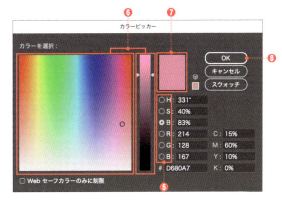

▶ カラーモデルの変更

［カラー］パネルのパネルメニュー❶から［カラー］パネルの［カラーモデル］を変更できます❷。

ただし、［カラーモデル］は、あくまでも［カラー］パネル上の表示です。この設定値を変更しても、ドキュメントの［カラーモード］（→p.242）は変更されません。この点には注意してください。

Lesson 6-3 [スウォッチ]パネルの基本操作

Sample_Data/6-3/

[スウォッチ]パネルを使うと、ワンクリックでオブジェクトに色を設定できます。[スウォッチ]パネルに登録されている色は自由に追加・削除・編集できます。

[スウォッチ]パネルの使い方

ここでは[コントロール]パネルを使用して[スウォッチ]パネルの使い方を解説します。

[コントロール]パネルの[塗り]または[線]ボックスをクリックすると、[スウォッチ]パネルが表示されます❶。または、メニューから[ウィンドウ]→[スウォッチ]を選択すると表示されます。

[選択]ツールでオブジェクトを選択した状態で❷、[スウォッチ]パネル上のスウォッチをクリックすると❸、その色がオブジェクトの[塗り]または[線]に適用されます❹。

> **Memo**
> shift を押しながら、[コントロール]パネルの[塗り]または[線]ボックスをクリックすると、[カラー]パネルが表示されます（→p.129）。

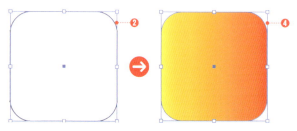

[スウォッチライブラリメニュー]の利用

Illustratorには、[スウォッチライブラリ]として、さまざまな色のグループが登録されています。

登録されているスウォッチを利用するには、[スウォッチ]パネル下部にある[スウォッチライブラリメニュー]ボタンをクリックして❺、任意のライブラリを選択します❻。

下図はスウォッチライブラリの一部です。

[スウォッチ]パネルは、メニューから[ウィンドウ]→[スウォッチ]を選択して表示します。また[プロパティ]パネルおよび[アピアランス]パネルから、[塗り]または[線]ボックスをクリックして表示することもできます。

それぞれの[スウォッチライブラリ]パネルの下部にある[次へ][前へ]ボタンをクリックすると、表示するスウォッチライブラリを切り替えることができます。

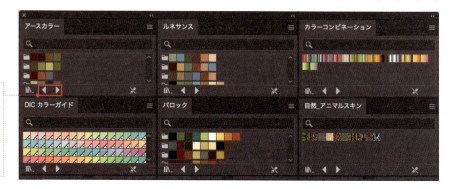

よく使う色を登録する

新たに [カラー] パネルや [グラデーション] パネルで設定した色を、いろいろな所で何度も使用する場合は、その色を [スウォッチ] パネルに登録することをお勧めします。登録しておけば、いつでも利用できます。

01 登録する色が適用されているオブジェクトを選択するか❶、または [カラー] パネルで色を設定すると、その色が [コントロール] パネルの [塗り] ボックス、または [線] ボックスに表示されるので❷、この状態で、パネル下部の [新規スウォッチ] ボタンをクリックします❸。

02 [新規スウォッチ] ダイアログが表示されます。名前には自動的にカラーの数値が入力されます❹。そのまま [OK] ボタンをクリックします❺。

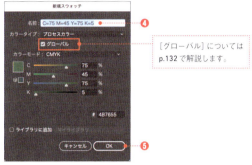

03 [スウォッチ] パネルに、指定した色が「スウォッチ」として登録されます❻。

登録したスウォッチを編集する

登録したスウォッチの名前や色を編集するには、[スウォッチ] パネル上のスウォッチをダブルクリックして❼、[スウォッチオプション] ダイアログを表示して編集します。

色を変更する場合は [カラーモード] や [カラースライダー] の数値を編集します❽。

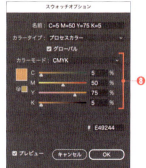

色の数値を変更すると、自動的にスウォッチの名前も変更されます。

スウォッチを削除する

スウォッチを削除するには、[スウォッチ] パネルで対象のスウォッチを選択して❾、パネル下部の [スウォッチを削除] ボタンをクリックするか、または [スウォッチを削除] ボタンの上にドラッグ＆ドロップします❿。

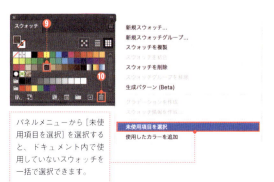

パネルメニューから [未使用項目を選択] を選択すると、ドキュメント内で使用していないスウォッチを一括で選択できます。

131

Lesson 6-4 グローバルカラースウォッチの利用

Sample_Data/6-4/

グローバルカラースウォッチを利用すると、オブジェクトに適用している色の「濃度」を簡単な操作で変更できます。また、複数のオブジェクトの色を一括で変更できます。

🗂 グローバルカラースウォッチとは

先述した［新規スウォッチ］ダイアログや、［スウォッチオプション］ダイアログ（→p.131）で、［グローバル］にチェックを入れると❶、そのスウォッチは「**グローバルカラースウォッチ**」として登録されます。

グローバルカラースウォッチは、［スウォッチ］パネルのカラースウォッチの右下に白い三角形が表示されます❷。また、［スウォッチ］パネルがリスト表示の場合は、グローバルカラーアイコンが表示されます❸。

> **Memo**
> ［スウォッチ］パネルをリスト表示に切り換えるには、［スウォッチ］パネルの［リスト形式で表示］ボタンを選択します❹。

🗂 グローバルカラースウォッチの適用

グローバルカラースウォッチは、通常のスウォッチと同様に、オブジェクトの［塗り］や［線］に適用できます。

01 ［選択］ツール でオブジェクトを選択した状態で❺、グローバルカラースウォッチをクリックして❻、オブジェクトに適用します。

02 ［カラー］パネルを見ると、スライダーが1つだけ表示されていることが確認できます❼。このスライダーを操作すると、オブジェクトに適用したカラースウォッチの色の濃度を変更できます❽。

03 ［スウォッチ］パネルのグローバルカラースウォッチをダブルクリックして、［スウォッチオプション］ダイアログを表示し、グローバルカラースウォッチの色を変更すると❾、そのスウォッチが適用されているすべてのオブジェクトの色を一括で変更できます❿。

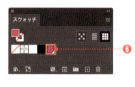

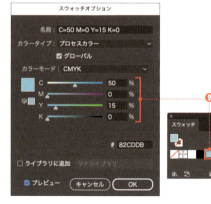

Lesson 6-5 調和のとれた色を設定する

Sample_Data/6-5/

Illustratorに用意されている［カラーガイド］パネルを利用すると「オブジェクト全体で調和のとれた色」を簡単に設定できます。また作成した「色の組み合わせ」をスウォッチパネルに登録することも可能です。

［カラーガイド］パネルの使い方

［カラーガイド］パネルには、さまざまな配色理論に基づいた色の組み合わせ（**ハーモニールール**）が登録されています。

そのため、この機能を利用すると、多くの先人が考案してきた「**人が美しいと感じる配色**」「**調和がとれていると感じる配色**」をすぐに設定できます。

01 オブジェクトを何も選択していない状態で、［カラー］パネルの［塗り］ボックスに**基本となる色**を設定します❶。

02 メニューから［ウィンドウ］→［カラーガイド］を選択して、［カラーガイド］パネルを表示します。すると、［カラー］パネルの［塗り］ボックスに設定した色をベースカラーとする❷、「カラーグループ」が表示されます❸。

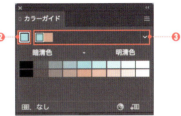

03 ［ハーモニールール］メニューの右端の矢印をクリックすると❹、一覧がずらりと表示されます。ここで目的のハーモニールールを選択すると、そのルールに則った色の組み合わせを確認できます❺。

04 パネル上部には、選択したハーモニールールの色の組み合わせが表示されます❻。これらの色は［スウォッチ］パネルと同様に、オブジェクトに適用できます。
また、［カラーグループをスウォッチパネルに保存］ボタンをクリックすることで❼、［スウォッチ］パネルに登録できます。

オブジェクトの色を白黒化・反転する

Sample_Data/6-6/

[グレースケールに変換]コマンドを使用すると、オブジェクトの色をグレースケールの白黒写真のように変換できます。また、[カラー反転]コマンドを使用すると、写真のネガフィルムのように反転できます。

色を変更するコマンド

[グレースケールに変換]と[カラー反転]コマンドは、次のオブジェクトに適用できます。

- 個別のパスオブジェクト
- グループオブジェクト
- パターンスウォッチ
- グラデーションスウォッチ
- ブラシストロークを適用したオブジェクト
- テキストオブジェクト
- 埋め込み画像

なお、いったん変換したら、一括で元の配色に戻すことはできません。

グレースケールに変換する

オブジェクトの色をグレースケールに変換するには、[選択]ツール でオブジェクトを選択して、メニューから[編集]→[カラーを編集]→[グレースケールに変換]を選択します❶。

すると、カラーで構成されていたパスオブジェクトがグレースケールに変換されます❷。

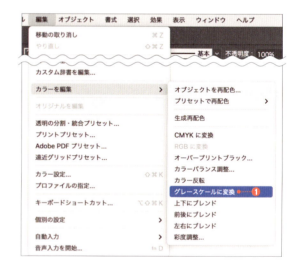

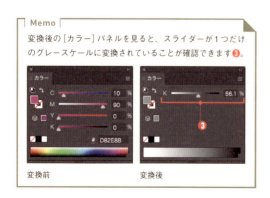

Memo
変換後の[カラー]パネルを見ると、スライダーが1つだけのグレースケールに変換されていることが確認できます❸。

134

オブジェクトの色を反転する

前ページと同じ画像に対して、メニューから[編集]→[カラーを編集]→[カラー反転]を選択すると、[カラー反転]が適用されて、オブジェクトのカラーが反転します❹。

画像に適用する

同様の手順で、埋め込み配置したビットマップ画像にこれらのコマンドを適用することもできます。

通常時

[グレースケールに変換]

[カラー反転]

> **Memo**
> メニューから[編集]→[カラーを編集]以下には、オブジェクトのカラーに関するさまざまなコマンドがたくさん用意されています。これらのコマンドに関しては、実際にオブジェクトに適用してみることが近道です。

ここも知っておこう！ ▶ カラーの反転とは

カラー反転とは、ドキュメントのカラーモードがRGBの場合は、オブジェクトの色を以下の式に当てはめて変換する処理です。

　　255－現在の値＝反転値

そのため、カラーモードがRGBに設定されたドキュメントで、カラー反転を行うと、右図のようになります。左が元の状態、右が変換後の状態です。

同様に、ブラック（R：0、G：0、B：0）に対して[カラー反転]コマンドを実行すると、ホワイト（R：255、G：255、B：255）になります。

なお、ドキュメントのカラーモードがCMYKの場合は、階調反転となり、近似値になります。

元の状態

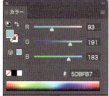

反転後の状態

[スポイト]ツールを使いこなす

Sample_Data/6-7/

[スポイト]ツールは、とてもシンプルな使い勝手のツールですが、キー入力を組み合わせたり、[スポイトツールオプション]ダイアログを理解することで、さまざまな属性を抽出できる便利な機能です。

[スポイト]ツールの基本操作

[スポイト]ツールを使用すると、対象のオブジェクトをクリックするだけで、オブジェクトの色や、[塗り]や[線]の各属性を抽出し、別のオブジェクトに適用できます。

[スポイト]ツールを使用する際は、先に[選択]ツールで適用先のオブジェクトを選択してから、ツールバーから[スポイト]ツールを選択します❶。

[スポイト]ツールには、「スポイトの抽出」と「スポイトの適用」の2つの使用方法があります。

スポイトの抽出

スポイトの抽出とは、他のオブジェクトの属性を抽出することです。[スポイト]ツールで任意のオブジェクトをクリックすると❷、クリックしたオブジェクトの属性が抽出されて、選択中のオブジェクトに適用されます❸。

スポイトの適用

スポイトの適用とは、選択中のオブジェクトの属性を、他のオブジェクトに適用することです。

option(Alt)を押しながら[スポイト]ツールで任意のオブジェクトをクリックすると❹、そのオブジェクトに、選択中のオブジェクトの属性が適用されます❺。

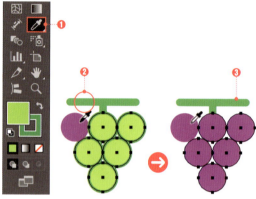

スポイトの抽出
クリックしたオブジェクトの属性が、選択中のオブジェクトに適用されます。

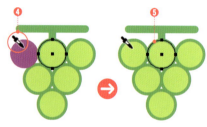

スポイトの適用
選択中のオブジェクトの属性が、クリックしたオブジェクトに適用されます。

初期設定では、オブジェクトの[塗り]と[線]の属性が抽出されます。この内容は[スポイトツールオプション]ダイアログで設定できます(次ページを参照)。

画像から色を抽出する

ドキュメント上のビットマップ画像から、任意の色を抽出するには、[選択]ツールで色を適用したいオブジェクトを選択してから❻、ツールバー下部の[塗り]または[線]のうち色を適用したいほうをアクティブにします。

そのうえで、[スポイト]ツールでビットマップ画像をクリックします❼。すると、選択中のオブジェクトの色が画像のクリックした箇所の色になります❽。(抽出できない場合は、次ページの「ここも知っておこう!」を参照)

アピアランスを抽出する

[スポイト] ツール の設定は、ツールバーの [スポイト] ツール のアイコンをダブルクリックして、[スポイトツールオプション] ダイアログを表示して行います。初期設定では、右図のように [アピアランス] にチェックがついていない設定です❶。

[スポイトの抽出] [スポイトの適用] の [アピアランス] にチェックをつけると、オブジェクトのすべてのアピアランス属性を抽出・適用できます。また、抽出・適用する属性を細かく設定することもできます。

アピアランスのチェックの有無の違い

[アピアランス] のチェックが外れていると、[塗り] と [線] の色、および [線幅] のみが抽出されます。

一方、チェックをつけると、グラデーションの設定やさまざまな [効果] (→p.152) を含む、すべてのアピアランス属性が抽出されます。

右図を見てください。アピアランスのチェックが外れている場合は、基本的には色のみが適用されていますが❷、チェックをつけると、オブジェクトの形状以外、ほぼすべての属性が適用されています❸。

文字スタイルを抽出する

[スポイトツールオプション] ダイアログで、[文字スタイル] や [段落スタイル] にチェックをつけると(初期設定で有効)、文字の属性を抽出できます。

[選択] ツール でテキストオブジェクトを選択して❹、[スポイト] ツール で抽出元のテキストオブジェクトをクリックします❺。すると、選択中のテキストオブジェクトに、クリックしたテキストオブジェクトの [塗り] と [線] の属性、およびフォント、フォントサイズ、行送りなどの文字・段落スタイルが適用されます❻。

ここも知っておこう！ ▶ 画像の色を抽出できない場合

画像をクリックしてもカラーを読み込めない場合は、shift を押しながらクリックするとカラーを読み込むことができます。この現象は [スポイトツールオプション] ダイアログで [アピアランス] にチェックがついている場合に起こります。

なお、[スポイト] ツール でドキュメント上の任意の箇所をクリックして、そこからドラッグを開始し、デスクトップや他のアプリケーションのウィンドウ上までマウスポインターをドラッグすると、画面上のあらゆる箇所のカラーを読み込むことができます。この機能は意外と便利なのでぜひ覚えておいてください。

Lesson 6-8 グラデーションの作り方

Illustratorでは、グラデーションは［グラデーション］パネルで設定します。基本的な使い方はいたってシンプルですが、アイデア次第でさまざまなグラデーションを作れる優れた機能です。

グラデーションを適用する

オブジェクトにグラデーションを適用するには、［選択］ツールで対象のオブジェクトを選択して、［グラデーション］パネルの［グラデーション］ボックスをクリックします❶。

すると、オブジェクトの［塗り］にグラデーションが適用されます❷。

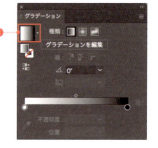 

グラデーションの色を設定する

グラデーションの色を設定・変更するには、［分岐点］をダブルクリックして❸、［カラー］パネルまたは［スウォッチ］パネルを表示して設定します❹。どちらのパネルで設定するかはボタンで切り替えられます❺。

また［反転グラデーション］ボタンでグラデーションの向きを反転することもできます❻。

分岐点を追加・削除する

［分岐点］を追加するには、［グラデーションスライダー］の下をクリックします❼。すると、クリックした箇所に［分岐点］が追加されます。

［分岐点］を削除するには、［分岐点］をクリックして選択して［分岐点を削除］ボタンをクリックするか❽、または［分岐点］を下方向にドラッグします。

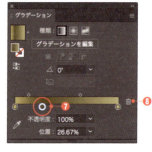 

グラデーションの位置や角度を調整する

グラデーションの位置は［分岐点］と［分岐点］の間に自動的に生成される［中間点］をドラッグして調整します❾。

または、個々の［分岐点］や［中間点］をクリックして選択した状態で、［位置］に数値を指定して調整します❿。

グラデーションの角度を変更するには、［角度］に数値を指定します⓫。

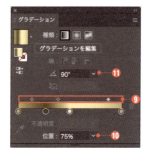 

[線]にグラデーションを適用する

[塗り]ではなく、[線]にグラデーションを適用するには、[グラデーション]パネルの[線]ボックスをクリックしてから❶、グラデーションを適用します。[塗り]と同様に各種設定を行います。また、グラデーションの適用方法を選択できます❷。

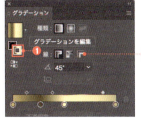

円形グラデーションを適用する

[種類：円形]を選択すると❸、円形のグラデーションが適用されます。[縦横比]を指定して❹、楕円形のグラデーションを設定することもできます。

ここも知っておこう！ ▶ フリーグラデーションを適用する

フリーグラデーションを適用すると、滑らかで自然なグラデーションを適用し、直感的な操作で編集できます。

[選択]ツール でオブジェクトを選択して、[種類：フリーグラデーション]を選択します❶。オブジェクトの形状とドキュメント内の配色を元に自動でフリーグラデーションが適用されます❷。適用するとツールが自動的に[グラデーション]ツールに切り替わり、オブジェクトに追加された[分岐点]を直ちに編集できます。

01 [分岐点]はドラッグして移動できます。また、[分岐点]の追加は、追加したい箇所をクリックします❸。[分岐点]の削除は、削除したい[分岐点]をオブジェクトの輪郭線の外側にドラッグします❹。

02 カラーの編集は、[分岐点]をダブルクリックして、[カラー]パネルまたは[スウォッチ]パネルを表示して設定します❺。

03 [分岐点]を選択して、[グラデーション]パネルから[描画：ライン]を選択して❻、任意の[分岐点]をクリックすると、[分岐点]と[分岐点]を結ぶラインが表示され、ラインに沿って自然にグラデーションが反映されます❼。

Lesson 6-9 ［グラデーション］ツールで グラデーションの開始点や終了点、角度を調整する

Sample_Data/6-9/

［グラデーション］ツールを使用すると、グラデーションの開始点や終了点、角度を直感的に設定できます。またグラデーションスライダを操作して、［分岐点］や［中間点］の色や位置も設定できます。

ドラッグで設定する

［選択］ツール で、線形グラデーションが適用されたオブジェクトを選択した状態で❶、ツールバーから［グラデーション］ツール を選択して❷、オブジェクト上をドラッグします❸。

ドラッグの開始点と終了点と角度がグラデーションにそのまま反映されます。

円形グラデーションも同様に操作できます❹。なお、 shift を押しながらドラッグを開始すると角度を水平・垂直、45°単位に固定できます。

グラデーションスライダの操作

［グラデーション］ツール を選択時に、グラデーションオブジェクトに表示されるグラデーションスライダとグラデーションガイドを操作して、グラデーションの適用範囲や角度を調整できます。

円形グラデーションが適用されたオブジェクトの❺をドラッグするとグラデーションを偏らせることができます。また❻をドラッグして楕円形のグラデーションを設定できます。

> **Memo**
> グラデーションスライダ上にマウスポインターを合わせると、［分岐点］や［中間点］が表示されて、［グラデーション］パネルと同様の操作で、色や位置を設定できます。

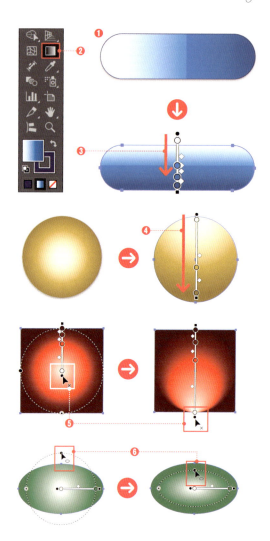

ここも知っておこう！ ▶ 複数のオブジェクトにまたがるグラデーションを適用する

複数のオブジェクトにまたがる、ひと続きのグラデーションを適用するには、［選択］ツール で同じグラデーションが適用された複数のオブジェクトを選択して、［グラデーション］ツール でドラッグします。

すると、選択したすべてのオブジェクトにまたがる、ひと続きのグラデーションが適用されます。

Lesson 6-10 グラデーションメッシュでオブジェクトに複雑なグラデーションを適用する

Sample_Data/6-10/

［グラデーションメッシュを作成］コマンドで、縦横のメッシュの数を指定して、メッシュオブジェクトを作成することができます。メッシュポイントにカラーを設定して複雑なグラデーションを設定します。

グラデーションメッシュを作成する

オブジェクトにグラデーションメッシュを適用するには、次の手順を実行します。

01 ここではハートのオブジェクトを立体的にします。［選択］ツール でオブジェクトを選択して❶、メニューから［オブジェクト］→［グラデーションメッシュを作成］を選択し、［グラデーションメッシュを作成］ダイアログを表示します。

02 ［プレビュー］にチェックをつけて、縦横のメッシュを［行数：3］［列数：4］［種類：中心方向］［ハイライト：70%］に設定して❷、［OK］ボタンをクリックします。
メッシュが追加されてメッシュオブジェクトに変換されます。
メッシュオブジェクトは網状の「**メッシュライン**」❸と、その交点の「**メッシュポイント**」❹、メッシュポイントで囲まれた「**メッシュパッチ**」❺から構成されます。

03 メッシュのカラーを変更するには、［ダイレクト選択］ツール で、メッシュポイントまたはメッシュパッチをクリックして選択して、［スウォッチ］または［カラー］パネルで設定します❻。

04 ツールバーから［メッシュ］ツール を選択して❼、オブジェクトの任意の箇所をクリックすると、メッシュポイントを追加することができます。また option （ Alt ）を押しながらメッシュポイントをクリックして、メッシュポイントを削除できます。
メッシュポイントは、［ダイレクト選択］ツール で、メッシュポイントをドラッグして位置を移動したり、ハンドル操作でグラデーションのカラーの移行量や範囲を設定します❽。

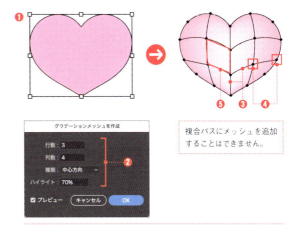

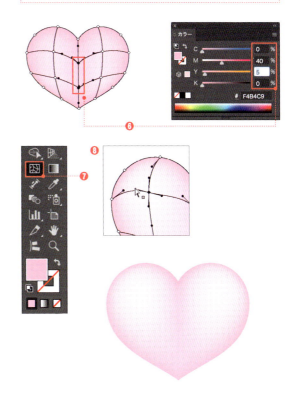

複合パスにメッシュを追加することはできません。

種類に［フラット］を選ぶと、色は変わらず、［中心方向］、［エッジ方向］を選ぶと、指定箇所が明るくなります。［ハイライト］には、明るさを指定します。

Lesson 6-11 ［オブジェクトを再配色］機能の活用

Sample_Data/6-11/

［オブジェクトを再配色］は、色数の多いアートワークの色を変更する際に、同じ色を一括で変更したり、使用している色の相関関係を保持しながら再配色を行うことができる機能です。

色の相関関係の保持して再配色する

［オブジェクトを再配色］機能は、オブジェクトを1つずつ選択して、色を変更するのではなく、一括で色の変更を行う機能です。

ここでは複数のパスで構成したアートワークの、色の相関関係を保持したまま、一括で色を変更します。

> **Memo**
> パターンやグラデーションが適用されたオブジェクト、メッシュやシンボルオブジェクト、クリップグループなど、さまざまパスオブジェクトの色の編集が可能です。

01 ［選択］ツール でオブジェクトを選択して❶、［コントロール］パネルの［オブジェクトを再配色］ボタンをクリックして❷、［オブジェクトを再配色］ダイアログを表示します。

02 カラーホイールの中に、選択中のオブジェクトで使用されている色がマーカーで表示されます。1つだけある大きなマーカーが「ベースカラー」です❸。

03 ［ハーモニーカラーをリンク］ボタンが有効になっているのを確認して❹、ベースカラーのマーカーをドラッグして移動します❺。
すると、すべてのマーカーが連動して移動し、色の相関関係を保持したまま再配色が行われます❻。
再配色が終わったら、［選択］ツール で余白をクリックしてオブジェクトの選択を解除すると、［オブジェクトを再配色］ダイアログが消えて編集が終了します。

> **Memo**
> ［明度と色相］❼または［彩度と色相］❽のいずれかを選ぶと、カラーホイールの表示が切り替わります。［スライダー］❾をドラッグして、［明度と色相］または［彩度と色相］を調整できます。

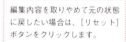

編集内容を取りやめて元の状態に戻したい場合は、［リセット］ボタンをクリックします。

142

> **Memo**
> ［カラーテーマピッカー］をクリックすると❶、マウスポインターの表示が切り替わります❷。ドキュメント内に配置されている、他のオブジェクトや画像の上にマウスポインターを重ねるとブルーのオーバレイ表示になるので❸、そのままクリックします。すると、クリックしたオブジェクトで使用されているカラーテーマを抽出して適用できます。
> 複数のオブジェクトから抽出するには、[shift]を押しながらクリックするか、対象の複数のオブジェクト上をドラッグします。

生成AI機能で再配色する

［生成再配色］は、再配色したいベクターアートワークを選択して、「生成したいカラーの説明」を文字入力するだけで、4つのバリエーションを迅速に生成できます。様々なバリエーションを試した中から好みの配色を選び、適用する機能です。

01 オブジェクトを選択して❶、［オブジェクトを再配色］ボタンをクリックして❷、［オブジェクトを再配色］ダイアログが表示したら、［生成再配色］をクリックして表示を切り替えます❸。

02 ［プロンプト］入力欄に「生成したいカラーの説明」を入力します❹。

> **Memo**
> はじめて使用する場合は、［サンプルプロンプト］から任意のプロンプトを選ぶと、プロンプトの書き方や生成結果をイメージしやすいでしょう❺。

03 プロンプトを入力したら[return]（[enter]）を押すか、または［生成］ボタンをクリックします❻。ここでは「真っ赤な夕日に照らされた街並み」と入力しました。
すると生成がはじまり十数秒後に、［バリエーション］に、生成された4つの候補が表示されます❼。

04 生成されたそれぞれの候補をクリックすると❽、直ちに再配色が反映されます❾。
好みの結果が得られなかった場合は、プロンプトの内容を調整して生成します。
生成再配色を適用後には、前ページまたは次ページに記載の方法で調整を行うこともできます。

> プロンプトを入力後にクリックすると［スウォッチ］パネルおよび［カラー］パネルが表示され、生成に使用したいカラーを追加できます（最大5つ）。

[詳細オプション]で色を数値指定する

ここでは、[詳細オプション]を表示して、オブジェクト内の同じ色が適用されている箇所の色をカラースライダーの操作で一括で変更します。

[プロパティ]パネルの[オブジェクトを再配色]ボタンをクリックするか、メニューから[編集]→[カラーを編集]→[オブジェクトを再配色]を選択して実行することもできます。

01 [選択]ツール でオブジェクトを選択して❶、[コントロール]パネルの[オブジェクトを再配色]ボタンをクリックします❷。
[オブジェクトを再配色]ダイアログが表示されたら、右下の[詳細オプション]ボタンをクリックして❸、表示を切り替えます。

02 [オブジェクトを再配色]ダイアログには、オブジェクトに使用している、すべての色が[現在のカラー]に表示され❹、変更後の色が[新規]に表示されます❺。

03 [オブジェクトを再配色]にチェックをつけて❻、変更したい色の[新規]をクリックして選択し❼、下部のカラースライダーで色を指定します❽。配色を終えたら、[OK]ボタンをクリックします。

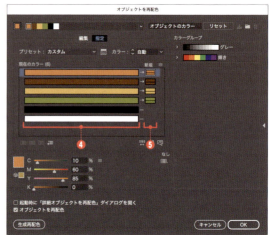

> **Memo**
> [新規]の色は、ドラッグして入れ替えることができます❶。また、[現在のカラー]の色をドラッグして、[新規]に適用することもできます❷。

> **Memo**
> 白や黒は、デフォルトでは[新規]が空欄になっており、変更できません。変更するには、空欄をクリックして、[新規]を追加します❶。
> 続けて[配色オプション]をクリックして❷、[配色オプション]ダイアログを表示したうえで、[保持]の[ホワイト]と[ブラック]のチェックを外します❸。

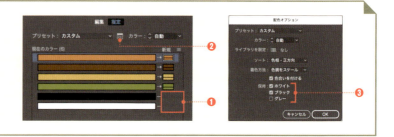

Lesson 7
Transformation, Composition, Special Effects.

変形・合成・特殊効果
Illustratorを使いこなすための便利な機能

本章では、効果やパターン、描画モードといった、Illustratorの特徴的な機能の使い方を解説します。各機能の特徴を押さえておけば、デザイン制作時にとても役立ちます。

[透明]パネルを理解する

[透明]パネルは、オブジェクトに[不透明度]や[描画モード]を設定して、オブジェクトを半透明にし、背面のオブジェクトの色と合成します。

オブジェクトの不透明度を設定する

不透明度を変更すると、オブジェクトが半透明になり、背面が透けて見えるようになります。背面にオブジェクトを配置することで、手軽に透明感、立体感や奥行き感を表現することができます。

[不透明度：0%]が透明、[不透明度：100%]が不透明になります。初期設定では描画したオブジェクトは[不透明度：100%]です。

01 [選択]ツール ▶ でオブジェクトを選択して❶、[透明]パネルの[不透明度]を変更します。ここでは[不透明度：70]に設定します❷。

テキストボックスに直接数値を入力するか、または矢印をクリックして[スライダー]を表示し、ドラッグ操作で設定します。

02 オブジェクトが半透明になり❸、背面のオブジェクトが透けて見えるようになります。

> **Memo**
> [不透明度]の設定は[コントロール]パネル、および[プロパティ]パネルの[不透明度]❹から値を変更することもできます。また[不透明度]をクリックして❺、[透明]パネルを表示できます。

▶ グループの抜きを設定する

右図では、重なり合うオブジェクトを[不透明度：70%]に設定後にグループ化しています。[グループの抜き]のチェックをつけると、グループ内のオブジェクト同士は互いに干渉せずに、背面のオブジェクトが透けます❶。

[透明]パネルに[描画モードを分離][グループの抜き]が表示されていない場合は、パネルメニューの[オプションを表示]を選択します。

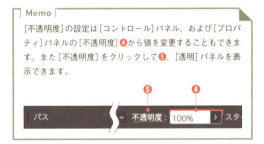

Lesson 7-2 ［不透明マスク］を適用してオブジェクトを徐々に透明にする

Sample_Data / 7-2 /

［不透明マスク］は透明度のあるマスクをオブジェクトに適用することができます。［不透明マスク］にグラデーションを設定することで、徐々に透明になるマスクを作成できます。

不透明マスクを設定する

不透明マスクは、マスクオブジェクトの**カラーの明度**によって不透明度が変化します。マスクオブジェクトのホワイト（［K：0%］、［R,G,B：255］）の部分は不透明度が100%になります。ブラック（［K：100%］、［R,G,B：0］）の部分は不透明度が0%になります。

ここでは右の画像のロゴに不透明マスクを適用して、鏡面反射を表現します。

01 ［不透明マスク］を適用するオブジェクトの前面に、［不透明マスク］として使用する、白黒のグラデーションを適用したオブジェクトを配置します❶。
［選択］ツール ▶ ですべてのオブジェクトを選択して、［透明］パネルの［マスク作成］ボタン❷をクリックします。

［透明］パネルにサムネールが表示されていない場合は、パネルメニューから［サムネールを表示］を選択します。

02 ［不透明マスク］が適用され、［透明］パネルに「マスクされたオブジェクト」❸と「マスクオブジェクト」❹がサムネール表示されます。なお、マスクオブジェクトのサムネール❹をクリックすると、［不透明マスク編集モード］に切替わり、マスクのみを編集できます。編集を終えるには❸のサムネールをクリックします。

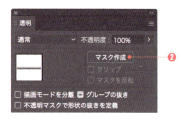

グラデーションを配置しなかった部分が、予期せず消えてしまった場合は、［クリップ］のチェックを外します。

03 ［不透明度：20%］に設定して❺、全体の不透明度を調整します。

04 前面に配置したグラデーションの形状で、徐々に透明になる［不透明マスク］を適用することができます❻。

> **Memo**
> 不透明マスクを解除するには、オブジェクトを選択して［解除］ボタンを押します。

147

Lesson 7-3 描画モードで重なり合うオブジェクトのカラーを合成する

Sample_Data / 7-3 /

オブジェクトに［描画モード］を設定すると、背面のオブジェクトとカラーをブレンドして合成することができます。おおまかな特性を理解すれば手軽な操作で表現の幅が広がります。

描画モードを適用する

描画モードは次の手順で適用します。

01 ［選択］ツール で前面に配置したオブジェクトを選択して❶、［透明］パネルの［描画モード］プルダウンメニューから設定します❷。
なお［通常］がデフォルトの設定です。

> **Memo**
> 描画モードの設定は、パスオブジェクト、テキストオブジェクト、画像など、すべてのオブジェクトに適用できます。

02 ［描画モード：乗算］に設定すると❸、オブジェクトが半透明になり、背面のオブジェクトと重なり合う部分のカラーが混ざり、濃く合成されます❹。

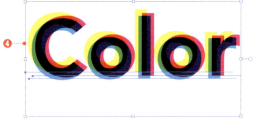

［乗算］は［ドロップシャドウ］効果などで、オブジェクトに影をつける場合や暗く調整したい場合などに使用します。使用頻度が高い描画モードの1つです。

描画モードとは

描画モードは全部で16種類あります。すべてのモードの効果が異なり、前面と背面のオブジェクトのカラーの組み合わせ、ドキュメントのカラーモードによっても、結果が大きく異なります。

そのためすべてを理解して、結果を予測するのは困難です。まずは、おおまかな特性のみを覚えて、はじめのうちは、すべてのモードを試してみて要領をつかむことをお勧めします。

▶ 最終カラーが暗くなる合成 ❶
▶ 最終カラーが明るくなる合成 ❷
▶ 最終カラーのコントラストが高くなる合成 ❸
▶ 階調を反転する合成 ❹
▶ 色相・彩度・輝度を元にした合成 ❺

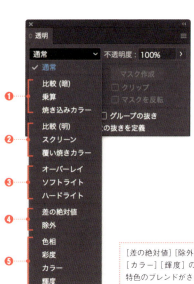

［差の絶対値］［除外］［色相］［彩度］［カラー］［輝度］の各モードでは、特色のブレンドがされません。

描画モードの使用例

前面のオブジェクトのカラーを「**ブレンドカラー**」、背面のオブジェクトのカラーを「**ベースカラー**」、合成後のカラーを「**最終カラー**」と呼びます。右はドキュメントのカラーモードがRGBの例です。CMYKでは結果が大きく異なる場合があります。

【左：乗算】【右：スクリーン】モノクロの画像に赤いベタ塗りを重ねた比較

【オーバーレイ】グラデーションの背景に輪郭をぼかした円形のパスを重ね光を表現

【乗算】グラデーションを重ね、周辺光量を落とす

【左：焼き込みカラー】【右：オーバーレイ】テクスチャーを重ねて、グラフィックにアナログな質感を追加

> **Memo**
> ドキュメントのカラーモードが[CMYKカラー]の場合、多くの描画モードでは、[K:100%]のブラックは背面のレイヤーのカラーを抜きます。[K:100%]のブラックの代わりに、CMYK値を使用してリッチブラックを指定してください。

描画モードの種類と特性一覧

種類	説明
通常	初期設定値。不透明で背景と影響し合うことはない。
比較(暗)	ベースカラーとブレンドカラーのうち、暗いほうを最終カラーにする。
乗算	ベースカラーにブレンドカラーを掛け合わせる。最終カラーは常に暗い色になる。
焼き込みカラー	ベースカラーを暗くして、ブレンドカラーに反映する。
比較(明)	ベースカラーとブレンドカラーのうち、明るいほうを最終カラーにする。
スクリーン	ベースカラーとブレンドカラーを反転して掛け合わせる。最終カラーは、常に明るい色になる。
覆い焼きカラー	ベースカラーを明るくしてブレンドカラーに反映する。
オーバーレイ	ベースカラーに応じて、[乗算]または[スクリーン]を適用する。ベースカラーはブレンドカラーと混合されて、ベースカラーの明るさまたは暗さを反映する。
ソフトライト	ブレンドカラーが50%グレーより明るい場合は[覆い焼きカラー]を、暗い場合は[焼き込みカラー]を適用する。
ハードライト	ブレンドカラーが50%グレーより明るい場合は[スクリーン]を、暗い場合は[乗算]を適用する。
差の絶対値	ベースカラーとブレンドカラーのうち、明度の高いほうから明度の低いほうを引く。ホワイトとブレンドするとベースカラー値が反転する。
除外	[差の絶対値]と同様の効果が得られるが、コントラストは低くなる。ホワイトとブレンドするとベースカラー部分が反転する。
色相	ベースカラーの輝度と彩度にブレンドカラーの色相を合わせる。
彩度	ベースカラーの輝度と色相にブレンドカラーの彩度を合わせる。
カラー	ベースカラーの輝度にブレンドカラーの色相と彩度を合わせる。[輝度]と反対の効果を作成できる。
輝度	ベースカラーの色相と彩度にブレンドカラーの輝度を合わせる。[カラー]と反対の効果を作成できる。

[ブレンド]ツールで複数のオブジェクトの色と形をブレンドする

Sample_Data / 7-4 /

[ブレンド]ツールを使用すると、選択した複数のオブジェクトの色や形をブレンドして、中間のオブジェクトを作成することができます。

ブレンドオブジェクトを作成する

ブレンドオブジェクトを作成するには、次の手順を実行します。

01 2つのオブジェクトを用意して、ツールバーから[ブレンド]ツールを選択して❶、2つのオブジェクトを順番にクリックします❷。
すると、2つのオブジェクトの形と色が混ざり合い、グラデーションのようにつながります❸。

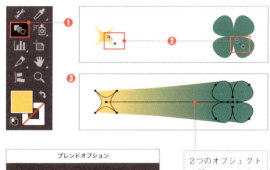

02 2つのオブジェクト間のオブジェクトの数を変更するには、ブレンドオブジェクトを選択した状態で、ツールバーの[ブレンド]ツールをダブルクリックして、[ブレンドオプション]ダイアログを表示します。
[間隔:ステップ数][ステップ数:4][方向:パスに沿う]を設定して❹、[OK]ボタンをクリックすると、中間のオブジェクトが4つになります❺。

2つのオブジェクトの間には、これらが滑らかにつながって見えるように、自動的に計算された最適な数のオブジェクトが存在しています。

03 ブレンドオブジェクトはオブジェクト同士を結ぶ、ブレンド軸と呼ぶパスに沿って並びます。ブレンド軸は、[ダイレクト選択]ツールや[ペン]ツールで、パスのアンカーポイントやパスセグメントを操作することで形状を変更できます❻。

04 中間のオブジェクトを個別に編集をするには、ブレンドオブジェクトを選択して、メニューから[オブジェクト]→[ブレンド]→[拡張]を選択します❼。すると、個々のオブジェクトに分割されて個別に編集できるようになります❽。

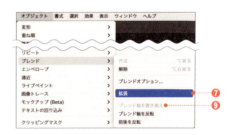

> **Memo**
> ブレンド軸を別のパスに置き換えることもできます。軸となるパスを用意し、ブレンドオブジェクトと両方を[選択]ツールで選択して、メニューから[オブジェクト]→[ブレンド]→[ブレンド軸を置き換え]を選択します❾。

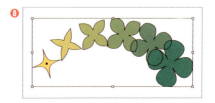

Lesson 7-5 [リキッド]ツールでオブジェクトを歪ませる

[リキッド]ツールを使用すると、オブジェクトを液体のようにさまざまな形状に、自由に変形することができます。[リキッド]ツールには用途の異なる7種類のツールがあります。

[リキッド]ツールの基本操作

リキッドツールの操作方法は、次の手順を実行します。

ツールバーから[ワープ]ツールを選択します❶。マウスポインターが円形のブラシの形状になるので、この状態でオブジェクトの上をドラッグします❷。するとオブジェクトの境界線がドラッグの軌跡に合わせて、引っ張られるように歪みます。マウスボタンを離すと、変形が確定してオブジェクトが歪みます❸。

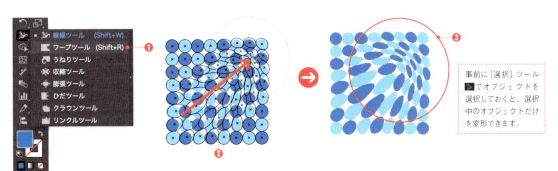

事前に[選択]ツールでオブジェクトを選択しておくと、選択中のオブジェクトだけを変形できます。

その他のリキッドツール

その他の6種類のリキッドツールも基本的な操作方法は同じです。ツールによって変形内容が変わります。

[うねり]ツール：オブジェクトが渦巻き状に変形する

[収縮]ツール：ブラシの中心にアンカーポイントが集まり収縮する

[膨張]ツール：アンカーポイントがブラシを中心に、外側に移動する

Memo
[ワープ]ツールのブラシサイズやブラシの角度、強さなどを細かく設定するには、ツールバーの[ワープ]ツールをダブルクリックして、[ワープツールオプション]ダイアログを表示して行います。
他のツールも同様です。

[ひだ]ツール：オブジェクトのアウトラインが、ブラシに吸い寄せられ、先の尖った曲線が追加される

[クラウン]ツール：オブジェクトのアウトラインがブラシを中心に外側に広がり、先の尖った曲線が追加される

[リンクル]ツール：オブジェクトのアウトラインにシワのような細かい曲線がランダムに追加される

Lesson 7-6 効果を理解する

Sample_Data / 7-6 /

[効果] を適用すると、オブジェクトに手軽に変形や加工を施して、さまざまな質感や形状を表現できます。[効果] は外観（見た目）のみに作用し、元の形状を保持するので、何度でも適用具合を編集できます。

効果とは

効果は、[Illustrator効果] ❶ と [Photoshop効果] ❷ の2つのセクションからなります。

[Illustrator効果] はパスオブジェクトやテキストオブジェクトに適用できます（下表のラスタライズ効果は画像にも適用できます）。

[Photoshop効果] はすべてのオブジェクトに適用できます。

また変形後の結果から大別すると [ベクター効果] と [ラスタライズ効果] に2つに分類できます。

ベクター効果とラスタライズ効果

効果の種類	説　明
ベクター効果	パスの形状を変形する。Illustrator効果の以下の例外を除いた効果。
ラスタライズ効果	次の3つの変形を行う。「ビットマップ画像を生成してパスに加える」「パスをビットマップ画像に変換して加工する」「ビットマップ画像を加工する」。すべてのPhotoshop効果とIllustrator効果の [ドロップシャドウ]［光彩（内側）］［光彩（外側）］および [SVGフィルター] 効果や [3Dとマテリアル] 効果、[落書き] 効果で一部ラスタライズされる場合がある。

効果を適用する

オブジェクトに効果を適用するには、次の手順を行います。ここでは [ドロップシャドウ] 効果を適用してオブジェクトに影をつけます。

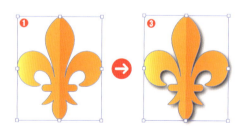

01 [選択] ツール でオブジェクトを選択して ❶、メニューから [効果] → [スタイライズ] → [ドロップシャドウ] を選択して、[ドロップシャドウ] ダイアログを表示します。

02 プレビューにチェックをつけて ❷、適用具合を確認しながら設定を行います。
[OK] ボタンをクリックすると、オブジェクトに効果を適用できます ❸。

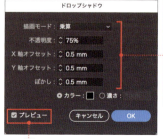

一般的に、影として使用する場合は [描画モード：乗算] に設定します。
X軸に正の値で右方向、Y軸に正の値で下方向にオフセットします。
ぼかしには、影をぼかすサイズを指定します。

適用した効果を編集する

オブジェクトに適用した効果を再編集するには、[選択]ツール ▶ で、オブジェクトを選択して、[アピアランス]パネルの[効果名](下破線の文字)をクリックします❶。

するとクリックした効果名のダイアログが、効果を適用した際に設定した値が入力された状態で表示され、編集を行うことができます。

適用した効果を削除する

オブジェクトに適用した効果を取りやめるには、[選択]ツール ▶ で、オブジェクトを選択して、[アピアランス]パネルで、削除したい効果名の横をクリックして選択状態にし❷、右下の[選択した項目を削除]ボタンをクリックして削除します❸。

効果は[選択した項目を削除]ボタンにドラッグ&ドロップして、削除することもできます。

適用した効果を分割する

効果は、オブジェクトの外観(見た目)のみに作用しているため、そのままの状態では変形したパスの形状を編集することはできません。[ダイレクト選択]ツール ▶ や[ペン]ツール ✏ で、変形したパスを編集するには、効果を分割します。効果を分割するには、次の手順を実行します。

01 [選択]ツール ▶ で、効果を適用したオブジェクトを選択して❹、メニューから[オブジェクト]→[アピアランスを分割]を選択します❺。

02 するとオブジェクトの外観(見た目)を保持したまま、効果が分割されます❻。
なお[アピアランスを分割]すると、効果の再編集はできなくなります。

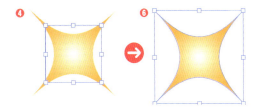

Memo

左ページの表にあるように、適用している効果によって、[アピアランスを分割]を適用後の形状は異なります。

・[パンク・膨張]効果や[ジグザグ]効果は、パスの形状が変形される
・[ドロップシャドウ]効果や[光彩(外側)]効果は、効果部分のぼけた影がビットマップ画像に変換される
・[光彩(内側)]効果は、パスオブジェクトとビットマップ画像の[不透明マスク]になる

さまざまな効果の活用

Sample_Data / 7-7 /

さまざまな効果の使用例を紹介します。これらの特徴を押さえておくと、複雑な形状への変形も簡単に実現できます。

[パンク・膨張]効果

メニューから[効果]→[パスの変形]→[パンク・膨張]を選択して適用します。パスオブジェクトを収縮または膨張させてさまざまな形状に変形できます。

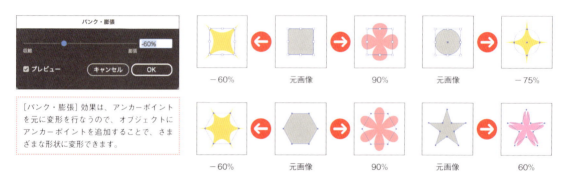

[パンク・膨張]効果は、アンカーポイントを元に変形を行なうので、オブジェクトにアンカーポイントを追加することで、さまざまな形状に変形できます。

[ワープ]効果

メニューから[効果]→[ワープ]以下の項目から選択して適用します。ワープ効果には15種類のスタイルが用意されており、オブジェクトを滑らかに変形します。以下は一例です。

ワープ効果は、ビットマップ画像にも適用できます。

[ジグザグ]効果

メニューから[効果]→[パスの変形]→[ジグザグ]を選択して適用します。パスオブジェクトの輪郭をギザギザや波状に変形できます。

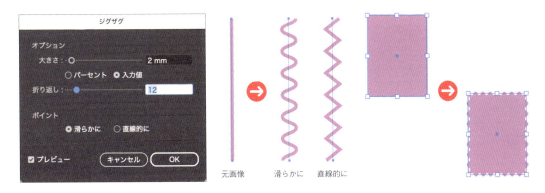

[ラフ]効果

メニューから[効果]→[パスの変形]→[ラフ]を選択して適用します。パスオブジェクトにアンカーポイントをランダムに追加して、パスセグメントをラフな形状に変形できます。

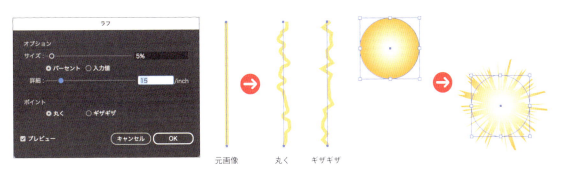

[落書き]効果

メニューから[効果]→[スタイライズ]→[落書き]を選択して適用します。パスオブジェクトをランダムなストロークで手描き風に加工します。

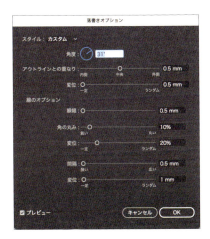

> **Memo**
> メニューから[ウィンドウ]→[グラフィックスタイルライブラリ]から任意のグラフィックスタイルを選択して表示して、オブジェクトにグラフィックスタイル適用後に[アピアランス]パネルの設定を確認すると、さまざまな効果の使用方法の理解を深めることができます。

[光彩(内側)]効果、[光彩(外側)]効果

メニューから[効果]→[スタイライズ]→[光彩(内側)]効果または[光彩(外側)]を選択して適用します。オブジェクトの境界にぼけた光彩を追加することができます。

[3D(クラシック)]効果

メニューから[効果]→[3Dとマテリアル]→[3D(クラシック)]→[押し出し＆ベベル(クラシック)]を選択して適用します。平面的なパスオブジェクトを立体的に変形できます。視点を変更して奥行きや遠近感を設定して、さまざまな立体を手軽に作成できます。

[カラーハーフトーン]効果

メニューから[効果]→[ピクセレート]→[カラーハーフトーン]を選択して適用します。印刷物を拡大コピーしたように、網点(ハーフトーン)が追加されます。

効果ギャラリー

メニューから[効果]→[効果ギャラリー]を選択すると❶、Photoshop効果の7つのカテゴリ（47種類）の効果をプレビューを確認しながら設定して、オブジェクトに適用することができます。

パスオブジェクト、画像、テキストオブジェクト、すべてのオブジェクトに適用できます。

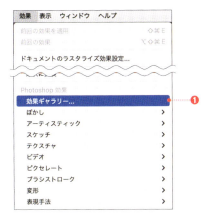 

フレスコ

ラップ

カットアウト

グラフィックペン

クロム

ノート用紙

パッチワーク

エッジの強調

ここも知っておこう！ ▶ ラスタライズ効果の解像度を変更する

ベクトルオブジェクトにラスタライズ効果を適用すると、[ドキュメントのラスタライズ効果設定]ダイアログに設定されている解像度に基いてビットマップ画像（ピクセル）が生成されます。

そのため、この解像度を変更することで、ラスタライズ効果のきめ細かさを調整することができます。

なお、ドキュメント内のすべてに影響するため、意図せぬ変更が行われる場合があるので、変更する際には注意が必要です。

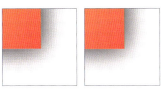

Lesson 7-8 簡単なパターンを作成する

Sample_Data/7-8/

ここではパターンスウォッチの作成方法を解説します。パターンスウォッチはアイデア次第でいろいろと活用できる、とても汎用性の高いテクニックなので、ぜひ基本を押さえておいてください。

🔷 パターンスウォッチとは

パターンスウォッチは、オブジェクトの［塗り］に繰り返し適用されるグラフィックのパターンです。例えば「ギンガムチェック」や「ストライプ」「水玉模様」なども、パターンの一種です。

また、Illustratorでは埋め込み画像をパターンスウォッチに含めることもできます。

ギンガムチェック　　　　ストライプ

🔷 ギンガムチェックのパターンを作る

ここでは実際にギンガムチェックのパターンを作成し、パターンスウォッチとして登録・適用する手順を解説します。

01 ツールバーの［初期設定の塗りと線］ボタンをクリックして［塗り］と［線］を初期化します❶。

02 ツールバーから［長方形］ツール▭を選択して❷、アートボード上をクリックして［長方形］ダイアログを表示します。
［幅：5mm］［高さ：5mm］と入力して❸、［OK］ボタンをクリックし、正方形を描画します❹。

03 ［選択］ツール▶で作成した正方形を選択して、ツールバーの［選択］ツール▶のアイコンをダブルクリックし、［移動］ダイアログを表示します。
［水平方向：5mm］［垂直方向：0mm］に設定して❺、［コピー］ボタンをクリックします❻。すると、元の正方形の右隣に新たに複製されます❼。

158

| 04 | 今度は [選択] ツール で2つの正方形を選択して [移動] ダイアログを表示し、[水平方向：0mm] [垂直方向：5mm] に設定して❽、[コピー] ボタンをクリックして移動複製します❾。これで下図のように4つ正方形がタイル状に並びます❿。

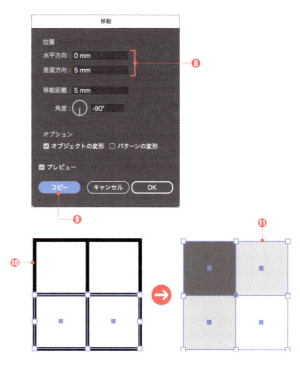

| 05 | 4つの正方形の [塗り] に、次のカラーを設定します⓫。また、すべて [線：なし] にします。

- 左上：[塗り]：[C=0 M=0 Y=0 K=40]
- 右上：[塗り]：[C=0 M=0 Y=0 K=20]
- 左下：[塗り]：[C=0 M=0 Y=0 K=20]
- 右上：[塗り]：[ホワイト]

> **Memo**
> [パターンスウォッチ] は、最背面に配置した [塗り：なし] [線：なし] に設定した長方形の範囲でパターンが繰り返されます。この作例のように [塗り：なし] [線：なし] の長方形を配置しない場合は、登録したオブジェクトのサイズで繰り返されます。

| 06 | [選択] ツール ですべてのオブジェクトを選択して、[スウォッチ] パネルにドラッグし、マウスポインターが右図のように切り替わったらドロップします⓬。
これで [スウォッチ] パネルにパターンスウォッチとして登録されます。

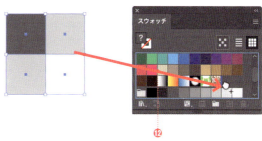

| 07 | [選択] ツール でパターンスウォッチを適用するオブジェクトを選択して⓭、[スウォッチ] パネルのパターンスウォッチをクリックすると⓮、パターンが適用されます。

Lesson 7 | 変形・合成・特殊効果

159

Lesson 7-9 オブジェクトに適用した パターンのみを変形する

Sample_Data/7-9/

各種変形ダイアログを使用すると、パターンを適用したパスオブジェクトのパターンのみを変形できます。

適用したパターンを変形する

ここでは [Lesson 7-8]（→p.158）で作成したチェックのパターンを変形する方法を解説します。なお、基本的な操作手順は他のパターンスウォッチの場合も同じです。

01 ［選択］ツールで、パターンスウォッチが適用されているオブジェクトを選択して❶、メニューから［オブジェクト］→［変形］→［拡大・縮小］を選択します。

02 ［オプション］セクションで、［パターンの変形］にチェックをつけて、他の項目はすべてチェックを外します❷。また、［拡大・縮小］セクションで［縦横比を固定：40％］に設定して❸、［OK］ボタンをクリックします❹。
すると、オブジェクトの形状を保持したまま、パターンスウォッチの大きさのみ、40％に縮小できます❺。

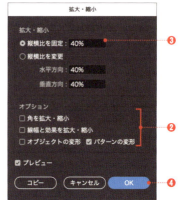

03 パターンスウォッチのみ回転させるには、［選択］ツールで対象のオブジェクトを選択して❻、メニューから［オブジェクト］→［変形］→［回転］を選択します（ここではシャツの袖と襟を選択しています）。

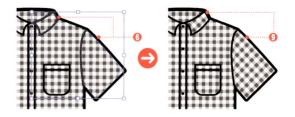

04 ［オブジェクトの変形］のチェックを外し、［パターンの変形］にチェックをつけます❼。
［角度：−45°］に設定して❽、［OK］ボタンをクリックします。
すると、オブジェクトの形を保持したまま、スウォッチパターンのみが45°回転します❾。

> **Memo**
> ［オブジェクトの変形］のチェックを外して、［パターンの変形］にチェックをつけても、パターンの変形が適用されないことがあります。その場合はいったん選択を解除してから、再度選択し、ダイアログを表示してみてください。

| COLUMN |

スウォッチライブラリの利用

　Illustratorには、あらかじめ多数のパターンスウォッチが登録されています。登録されているパターンスウォッチを確認・利用するには、[スウォッチ]パネルの左下の[スウォッチライブラリメニュー]をクリックするか、またはメニューから[ウィンドウ]→[スウォッチライブラリ]→[パターン]以下の各項目を選択します。すると、次のようにIllustratorに登録されているパターンスウォッチを表示できます。

● スウォッチライブラリ

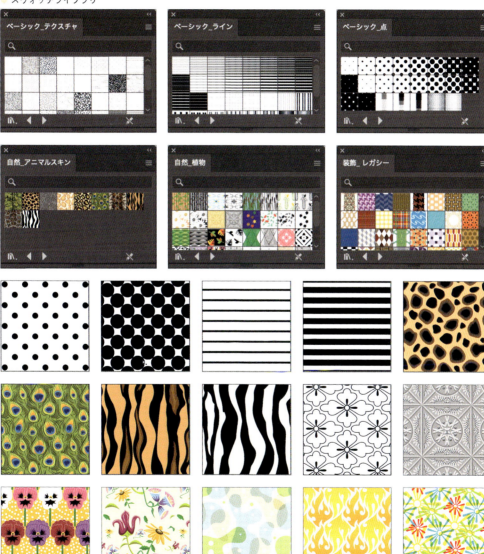

7-10 登録したパターンスウォッチの編集

登録したパターンスウォッチは後から編集できます。パターンスウォッチを編集して更新することで、パターンを適用したオブジェクトのパターンを置き換えることができます。

Sample_Data/7-10/

パターンスウォッチを編集する

ここではパターンスウォッチのパターンを構成する個々のオブジェクトのサイズを縮小して、間隔を広げる方法を解説します。なお、基本的な操作手順は他のパターンスウォッチの場合も同じです。

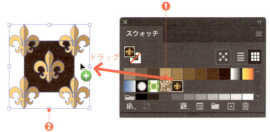

01 対象のパターンスウォッチを、［スウォッチ］パネルからアートボード上にドラッグ＆ドロップします❶。すると、元のオブジェクトがグループ化された状態でアートボード上に配置されます❷。

> **Memo**
> パターンスウォッチは、最背面に配置された［塗り：なし］［線：なし］に設定された長方形の範囲内でパターンが繰り返されます。この作例でも茶色の背景の背面に［塗り：なし］［線：なし］の長方形があります。

02 オブジェクトはグループ化されているので、［選択］ツール でダブルクリックして、グループ編集モードに切り替えます❸。

03 ［選択］ツール でオブジェクトを選択したうえで、ツールバーの［拡大・縮小］ツール をダブルクリックして❹、［拡大・縮小］ダイアログを表示して［縦横比を固定：50%］に設定して❺、［OK］ボタンします。
同様の手順ですべてを縮小したら、［選択］ツール で余白箇所をダブルクリックしてグループ編集モードを終了します。

04 オブジェクトを選択して、 option （ Alt ）を押しながら、［スウォッチ］パネルのパターンスウォッチの上にドラッグ＆ドロップします❻。
これで［スウォッチ］パネルに登録してあるパターンスウォッチを置き替えることができます。

05 パターンスウォッチを更新すると、ドキュメント内にある、同パターンスウォッチを適用してあるすべてのオブジェクのパターンが置き替えられます❼。

Lesson 7-11 ［パペットワープ］ツールで オブジェクトを自然な形に変形する

［パペットワープ］ツール を使用すると、簡単なドラッグ操作で、パスオブジェクトを自然な形に変形することができます。

Sample_Data / 7-11 /

［パペットワープ］ツールの基本操作

［パペットワープ］ツール は、アートワークにピンを追加して、ドラッグ操作で変形します。

01 ［選択］ツール で変形するパスオブジェクトを選択したうえで❶、ツールバーから［パペットワープ］ツール を選択します❷。

02 すると、変形の基準となる箇所に自動的にピンが追加され、オブジェクトを覆うようにポリゴンメッシュが表示されます❸。続けて、変形の基点となる箇所にピンを追加していきます。

03 オブジェクトを変形するには、［パペットワープ］ツール でピンをドラッグします❹。また、［パペットワープ］ツール でピンをクリックしてアクティブにし❺、表示された破線の円の内側を回転するようにドラッグして❻、回転変形を行うことができます。

> shift を押しながらピンをクリックして複数のピンを選択して移動することもできます。また、ピンをクリックして選択して、 delete を押すと不要なピンを削除できます。

04 ここでは、首と尾を変形しました❼。編集を終了するには、他のツールに切り替えます。
なお、再度オブジェクトを選択して［パペットワープ］ツール を使用すると、ピンが保持された状態で編集できます。
また、［パペットワープ］ツール で編集を行ったオブジェクトはグループ化され、グループ解除を行なうとピンの情報は破棄されます。

> **Memo**
> ［パペットワープ］ツール ではメッシュオブジェクトや画像を変形することはできません。また、テキストオブジェクトをクリックすると、自動的にアウトライン化されます。

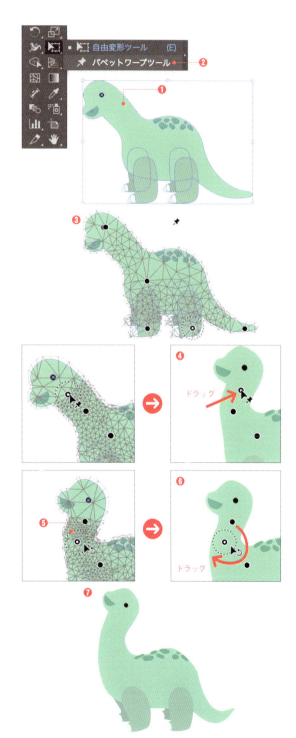

Lesson 7-12 ［クロスと重なり］機能で重なり合う部分の重ね順を変更する

重なり合うオブジェクトに［クロスと重なり］機能を適用すると、重なり合う部分のみの「重ね順」を変更することができます。

Sample_Data / 7-12 /

［クロスと重なり］を適用する

［クロスと重なり］機能を適用すると、ワンクリックで❶重なり合う部分のみの「重ね順」を変更することができます。オブジェクトを分割・拡張して合成したり、テキストオブジェクトをアウトライン化したりすることなく、非破壊で適用です。

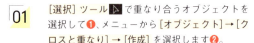

01 ［選択］ツール で重なり合うオブジェクトを選択して❶、メニューから［オブジェクト］→［クロスと重なり］→［作成］を選択します❷。

02 ［クロスと重なり］編集モードになり、マウスポインターが［なげなわ］ツール に切り替わるので、重ね順を変更したい箇所を囲むようにドラッグします❸。
すると、重ね順が変更されて、背面の隠れていた部分が前面になります❹。
または、オブジェクト同士が重なり合う部分にマウスポインターを合わせると、強調表示されるので、その状態でクリックして❺、重ね順を変更することもできます❻。

03 すべての重なりを変更しました❼。
編集を終えるには、command（Ctrl）を押しながら余白をクリックします。

04 再編集を行うには、［クロスと重なり］オブジェクトを［選択］ツール で選択して、［コントロール］パネルおよび［プロパティ］パネルに表示される［編集］ボタン❽をクリックします。
［クロスと重なり］を解除するには［解除］ボタン❾をクリックします。
または、メニューから［オブジェクト］→［クロスと重なり］→［編集］または［解除］を選択します。

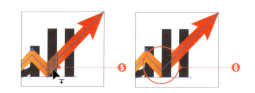

Lesson 7-13 ［シェイプ形成］ツールでパスオブジェクトを合成する

Sample_Data / 7-13 /

［シェイプ形成］ツールは、直感的なマウス操作で重なり合うオブジェクトに合体、削除、分割の合成をすることができます。

［シェイプ形成］ツールで合成する

［シェイプ形成］ツールは、マウスのクリックとドラッグ操作で手軽にパスオブジェクトの合体、削除、分割の合成を行うことができます。

ここでは、［塗り：なし］、［線：黒］に設定した複数の円を組み合わせて、魚のアイコンを制作します。

01 複数のパスオブジェクトを重ねて任意の形状に配置して、［選択］ツール でずべてのオブジェクトを選択し❶、ツールバーから［シェイプ形成］ツール を選択します❷。
初期設定では、この状態でツールバーの［塗り］に設定したカラーが合成後のオブジェクトのカラーになります❸。

02 マウスポインターをパスオブジェクト上に重ねると、強調表示されます❹。
そのままクリックすると、その領域が分割されて、［塗り］に設定したカラーが適用されます❺。

03 合体したい領域をドラッグします。ドラッグを開始すると合体される領域の境界線が赤く強調されます❻。
マウスボタンを離すと赤く強調表示された領域が合体されて、［塗り］に設定したカラーが適用されます❼。

04 削除したい領域を option （ Alt ）を押しながらクリックまたはドラッグすると❽、その領域が削除されます❾。
全体の合成を行い調整して、魚のアイコンを作成しました❿。

> **Memo**
> ツールバーの［シェイプ形成］ツール のアイコンをダブルクリックして、［シェイプ形成ツールオプション］ダイアログを表示すると、元オブジェクトのカラーを合体後のカラーに反映するなど、様々な設定を行うことができます。

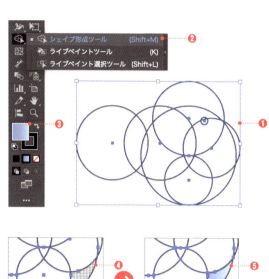

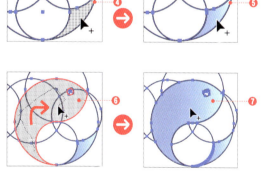

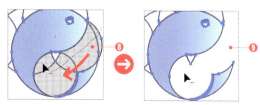

Lesson 7 変形・合成・特殊効果

165

Lesson 7-14 ［グラフ］ツールでグラフを作成する

Sample_Data / 7-14 /

Illustratorには9種類の［グラフ］ツールがあり、読み込んだデータや入力したデータを元に、さまざまなグラフを作成できます。

グラフを作成する

ここでは棒グラフを作成してみます。

01 ツールバーから［棒グラフ］ツール を選択して❶、アートボード上をクリックし、［グラフ］ダイアログを表示します。

02 ［幅］と［高さ］に任意の値を入力して、グラフのサイズを指定します❷。設定後に［OK］ボタンをクリックします。

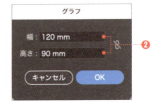

03 ［グラフデータ］ウィンドウが表示されるので、データを入力します。
1行目と1列目に文字列を入力してグラフにラベルをつけます❸。
2行目と2列目以降に数値を入力したら❹、［適用］ボタンをクリックします❺。
グラフにデータが反映されたら、［閉じる］ボタンを押して［グラフデータ］ウィンドウを閉じます。

● ［グラフデータ］ウィンドウの設定項目

項　目	内　容
❻ ［データの読み込み］ボタン	列をタブ、行を改行で区切ってあるテキストファイルを読み込む。
❼ ［行列置換］ボタン	行と列を入れ換える。
❽ ［XYを入れ換え］ボタン	［散布図］グラフのX軸とY軸を入れ換える。
❾ ［セル設定］ボタン	小数点以下の表示桁数とセル（表のマス目）の幅を設定する。
❿ ［復帰］ボタン	入力内容がグラフに反映される前の状態に戻す。
❺ ［適用］ボタン	入力内容をグラフに適用する。

04 指定したサイズの棒グラフが作成されます⓫。
データを編集する場合は、[選択]ツール で クリックしてグラフを選択し、メニューから[オブジェクト]→[グラフ]→[データ]を選択して、[グラフデータ]ウィンドウを再度開きます。

> **Memo**
> グラフオブジェクトは、グループ化されており、グループ解除を行うと、[グラフデータ]ウィンドウや[グラフ設定]ダイアログで編集できなくなるので注意してください。

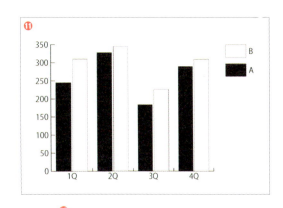

05 グラフ作成後に、グラフの種類を変更するには、グラフを選択して、メニューから[オブジェクト]→[グラフ]→[設定]を選択し、[グラフ設定]ダイアログを表示します。
左上のプルダウンメニューから[グラフオプション]を選び⓬、[種類]から変更するグラフの種類を指定して⓭、[OK]ボタンをクリックします。

● グラフの種類の例

横向き積み上げ棒グラフ

折れ線グラフ

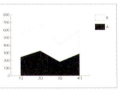
階層グラフ

円グラフ

> **Memo**
> [棒グラフの幅]⓮や[各項目の幅]⓯を変更できます。
> また、左上のプルダウンメニューから[数値の座標軸]または[項目の座標軸]を選択して、「目盛り」や「ラベル」の設定を行なうこともできます。

ここも知っておこう！ ▶ グラフの色やフォントを変更する

ツールバーから[グループ選択]ツール を選択して、色を変更する凡例をダブルクリックします。そうすると凡例と同じ色の棒がすべて選択されるので、[塗り]の色を設定します。

フォントやフォントサイズを変更する場合は、[グループ選択]ツール または[ダイレクト選択]ツール で変更する文字を選択して、[文字]パネルで行います。

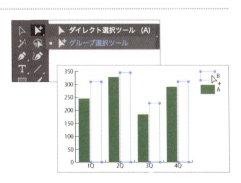

ブラシを理解する

Lesson 7-15

Sample_Data / 7-15 /

パスオブジェクトに［ブラシ］パネルからブラシストロークを適用すると、パスオブジェクトの［線］にさまざまな形状を適用することができます。

ブラシとは

ブラシを適用するには2つの方法があります。［ブラシ］パネルでブラシを選択してから［ブラシ］ツール で アートボード上をドラッグして描画を行う方法と、［ペン］ツール や各種描画ツールで、パスオブジェクトを描画して［ブラシ］パネルからブラシを選び適用する方法です。

ブラシストロークは［線］に適用されるため、［線幅］を変更すると、ブラシストロークも細くまたは太く変更されます。

ブラシの種類

Illustratorには、用途の異なる5種類のブラシがあり、大別すると2種類に分類できます。

ブラシのサイズや形状、角度を設定して、［線］に適用するブラシ

［カリグラフィブラシ］［絵筆ブラシ］

オブジェクトを作成、登録して、［線］に配置するブラシ

［散布ブラシ］［アートブラシ］［パターンブラシ］

ブラシの種類

項 目	内 容	
カリグラフィブラシ	角度によって［線幅］の異なる線を描画する。またペンタブレットを使用すると、筆圧や傾きを設定できるため効果的。	
絵筆ブラシ	透明感のあるストロークを幾重にも重ねて、ウェット感のある線を描画する。水彩画や透明感のある描画表現を行う際に使用すると効果的。ペンタブレットを使用すると、筆圧や傾きを設定できるため効果的。	
散布ブラシ	登録した［散布オブジェクト］を繰り返し配置する。登録できるアートワークは1つ。散布の設定に［ランダム］を設定することで、さまざま形状に散布することができる。同じオブジェクトを連続的に、またはランダムに散りばめたい場合に適用すると効果的。	
アートブラシ	登録した［アートオブジェクト］を伸縮して配置する。登録できるアートワークは1つ。伸縮方法を選択できる。さまざまな形態に伸縮する曲線的なオブジェクトに適用すると効果的。	
パターンブラシ	登録した［パターンスウォッチ］をパスの形状に合わせて繰り返し配置する。最大5種類の［パターンスウォッチ］をパスの各部位に配置できる。フレームや同じオブジェクトが連続するモチーフに適用すると効果的。角の形状を自動的に生成できる。	

[ブラシ]ツールで描画する

01 ツールバーから[ブラシ]ツール を選択します❶。続けて[ブラシ]パネルを表示して、ブラシを選択します❷。

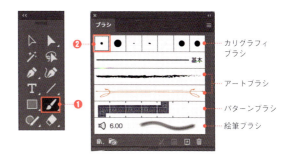

02 アートボード上をドラッグして描画します。ドラッグした軌跡が[塗り：なし]のパスになり、パスの[線]にブラシが適用されます❸。

03 描画を行う際の[精度]などの設定を行うには、ツールバーで[ブラシ]ツール のアイコンをダブルクリックして、[ブラシツールオプション]ダイアログを表示して行います❹。

> **Memo**
> Illustratorには、さまざまなブラシのプリセットが用意されています。[ブラシ]パネルのパネル左下の[ブラシライブラリメニュー]をクリックして任意のライブラリ名を選択します。

ブラシストロークを編集する

01 [選択]ツール で、ブラシストロークが適用されているオブジェクトを選択して❺、[ブラシ]パネルの[選択中のオブジェクトのオプション]ボタン❻をクリックして[ストロークオプション]ダイアログを表示します。

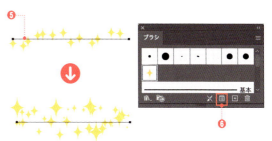

02 [ストロークオプション]ダイアログの[プレビュー]にチェックをつけて❼、各種設定を変更後に❽、[OK]ボタンをクリックすると、変更が適用されます。

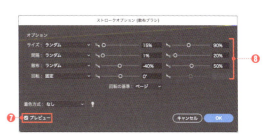

ブラシストロークをオブジェクトに変換する

[選択]ツール で、ブラシストロークが適用されているオブジェクトを選択して❾、メニューから[オブジェクト]→[アピアランスを分割]を選択します❿。

ブラシストロークが分割され、パスオブジェクトに変換されます⓫。分割するとブラシを構成していたオブジェクトのパスを編集できます。

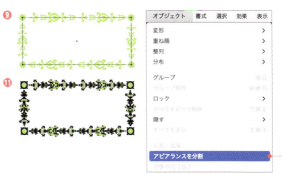

Lesson 7 変形・合成・特殊効果

Lesson 7-16 パターンブラシを作成する

Sample_Data / 7-16 /

[線]にパターンブラシを適用すると、[パターンブラシ]として登録したパターンをパスに沿って配置できます。アートワークの縁取りを飾るフレームなどに使用します。

パターンブラシを作成する

パターンブラシを作成するには、パターンブラシのパターンタイルとして使用するオブジェクトを作成して、次の手順を実行します。

コーナータイル　　サイドタイル

01 パターンに使用するオブジェクトを[スウォッチ]パネルにパターンスウォッチとして登録します❶（→p.158）。

02 [ブラシ]パネルの下部から[新規ブラシ]ボタンをクリックして❷、[新規ブラシ]ダイアログを表示します。[パターンブラシ]を選び❸、[OK]ボタンをクリックします。

03 [パターンブラシオプション]ダイアログが表示されます。
[タイルのボタン]をクリックして❹、プルダウンメニューから、登録した「パターンスウォッチ」を設定します。
ここではコーナータイルとサイドタイルを設定して、[中心をずらしてフィット]を選び❺、[OK]ボタンをクリックして、パターンブラシを登録します。

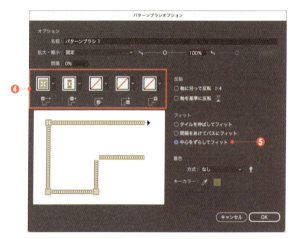

パターンブラシオプションの設定項目

項目	説明
名前	パターンブラシの名前を入力する。
拡大・縮小	元となるパターンスウォッチのサイズを基準（100%）にして、タイルのサイズを設定する。[線幅ポイント/プロファイル]は、ブラシを適用したオブジェクトに[可変線幅プロファイル]を適用した場合にのみ、[ストロークオプション]ダイアログで選択できる。その他の項目は、ペンタブレットを使用時に指定する。
間隔	タイル同士の間隔を指定する。
[タイルのボタン]	パスの部分ごとに適用するパターンを指定する。[クリックしてパターンスウォッチ]を選択する。
反転	パスを基準にしてパターンの方向を反転する。
着色	着色オプションを設定すると、パターンブラシに[線]のカラーを反映できる。

04 [選択]ツール▶でパターンブラシを適用するオブジェクトを選択して❻、[ブラシ]パネルからパターンブラシを選択します❼。

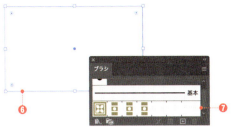

05 すると、選択したオブジェクトのパスに沿って、ブラシとして登録したパターンスウォッチが配置されます❽。

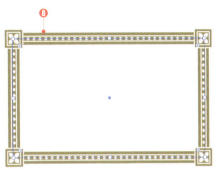

> **Memo**
> 円や角丸長方形など、コーナーがないオブジェクトには、コーナータイルを設定しなくても、サイドタイルのみの設定でフレームを作成することができます。

ここも知っておこう！ ▶ コーナータイルの自動生成

サイドタイルを指定すると、指定したサイドタイルを元にして4種類のコーナータイルが自動生成されます。

そのため、サイドタイルを指定したら、コーナータイルは作成せずに、自動生成されたコーナータイルから任意のタイルを選ぶことができます。

■ 自動生成されるコーナータイルの種類

項目	説明
自動中央揃え	サイドタイルをコーナーまで延長し、タイルの中央を角に揃える。
自動折り返し	サイドタイルをコーナーまで延長し、タイルの中央を角に揃える。
自動スライス	サイドタイルを斜めにカットして結合する。額縁の角の留め継ぎと同様の方法。
自動重なり	サイドタイルのコピーがコーナーで重なる。

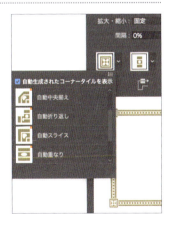

登録したブラシを編集する

登録したブラシを編集するには、[ブラシ]パネル上で、編集したいブラシをダブルクリックします。すると[パターンブラシオプション]ダイアログが表示されるので、編集を行います。

その際に、ドキュメント内でこのブラシを使用している場合は、ブラシの変更内容をオブジェクトに適用するか否かを確認するダイアログが表示されます。

[適用]を選ぶと、ただちに変更が適用されます。
[適用しない]を選ぶと、新規ブラシとして登録されます。

Lesson 7-17 アートブラシを作成する

Sample_Data / 7-17 /

［線］にアートブラシを適用すると、［アートブラシ］として登録したオブジェクトをパスに沿って配置できます。
伸縮オプションを設定して、用途に合わせて配置方法を設定できます。

アートブラシを作成する

アートブラシを作成するには、アートブラシに登録するオブジェクトを作成して、次の手順を実行します。

01 ［選択］ツールでオブジェクトを選択して❶、［ブラシ］パネルの［新規ブラシ］ボタンをクリックして❷、［新規ブラシ］ダイアログを表示します。［アートブラシ］を選び❸、［OK］ボタンをクリックします。

02 ［アートブラシオプション］ダイアログが表示されます。各種設定を行います。
ここでは［方向］から［上向きの矢印］を選び❹、ブラシの向きを変更します。
［ブラシ伸縮オプション］から、［ガイド間で伸縮］を選びます❺。すると左下のプレビュー画面に破線のガイドラインが表示されるので、伸縮させる部分を始点ガイドと終点ガイドで設定します。これでガイドとガイドの間のみが伸縮します❻。
設定が終わったら［OK］ボタンをクリックして、アートブラシを登録します。

03 ［選択］ツールでアートブラシを適用するオブジェクトを選択して❼、［ブラシ］パネルからアートブラシを選択します❽。
すると、オブジェクトのパスに沿ってアートブラシとして登録したオブジェクトが配置されます❾。

Lesson 8
Editing Images.

画像の配置と編集
Illustratorでビットマップ画像を扱うための必須知識

本章では、Illustratorでビットマップ画像を正しく扱うための機能や方法を詳しく解説します。画像を扱えるようになるとデザインの幅がぐっと広がります。

Lesson 8-1 画像を配置する

Sample_Data / 8-1 /

Illustratorでは、ベクター画像だけでなく、ビットマップ画像も扱えます。基本的な操作方法を習得しておけば、さまざまな箇所で利用できます。

画像配置の基礎知識

Illustratorでは、次のような用途やシーンでビットマップ画像を利用します。

写真としてレイアウト

アートワークやデザインの一部に、写真や画像を配置することがあります。これがもっとも一般的な使い方です。

下絵として利用

手描きのイラストやスケッチをスキャンまたは撮影し、それを画像としてIllustrator上に下絵として配置し、[ペン] ツール などでトレースします ❶。また、配置した画像をパスオブジェクトに変換してアートワークを作成することもできます。

バックグラウンドイメージとして利用

配置した画像をバックグラウンドイメージとして使用します ❷。画像の複雑な階調を利用できるので、パスオブジェクトだけでは表現できないような複雑なアートワークを実現できます。

画像を下絵として利用している例です。手書きのイラストをスキャンし、それを画像としてIllustratorに配置し、その上からパスを描画しています。

画像をバックグラウンドイメージとして利用している例です。この例では、描画モードを変更してカラーを合成した画像を配置しています。画像を上手に利用すれば素材感のあるテクスチャを簡単に利用できます（→p.149）。

画像を配置する

Illustratorのドキュメント上に画像を配置するには次の手順を実行します。

01 メニューから [ファイル] → [配置] を選択して、[配置] ダイアログを表示し、配置する画像を選択します ❶。またその際、必要に応じて [リンク] のチェックの有無を選択します ❷。
画像を選択したら、[配置] ボタンをクリックします ❸。ここでは、6枚の画像を選択しました。

> **Memo**
> 画像の配置には、「コンピューターから配置」、「CreativeCloudから配置」、「CCライブラリから配置」の3つの方法がありますが、本章では「コンピューターから配置」の解説を行います。

[リンク] のチェックの有無については、次ページの「ここも知っておこう！」を参照してください。

> **Memo**
> 画像選択時に shift または ⌘（ Ctrl ）を押しながらファイル名をクリックすることで、複数の画像を選択できます。

02 マウスポインターが図のような形状になり、**画像のサムネール**と**配置する画像の枚数**が表示されます❹。
この状態でドキュメント上をクリックすると、クリックした箇所を左上として画像が配置されます❺。

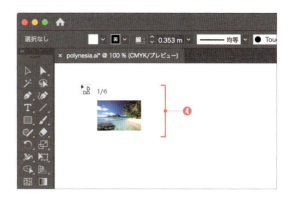

Memo
Illustratorでは、以下のファイル形式の画像を配置できます。 ・PSD　・TIFF　・EPS　・JPEG　・GIF ・BMP　・PICT　・PNG　・PDF　・AutoCAD ・SVG　・Illustrator（AI）　・PSDC

03 ドキュメント上に配置した画像は、[リンク]パネルで確認できます❻。
[リンク]パネルが表示されていない場合は、メニューから[ウィンドウ]→[リンク]を選択して表示します。

Memo
[リンク]パネルは、画像を[選択]ツール で選択した際に[コントロール]パネル、および[プロパティ]パネルに表示される、[リンクファイル]の文字をクリックして表示することもできます❼。

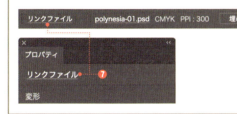

ここも知っておこう！　▶ 埋め込み配置とリンク配置

Illustratorでは、画像の配置方法として、「埋め込み配置」と「リンク配置」の2種類が用意されています。[配置]ダイアログで[リンク]にチェックをつけると、リンク配置になります。なお、[リンク]パネルで確認すると、それぞれ表示が異なります。

埋め込み配置とリンク配置

配　置	説　明
埋め込み配置	[リンク]のチェックを外すと、画像データがIllustratorファイルに埋め込まれる。そのため画像編集ソフトで元の画像データに変更を加えても、配置した画像には反映されない。Illustratorファイルのデータ容量は「リンク」と比べて重くなる。なお、リンク配置の画像を後から埋め込むことも可能（→ p.178）。
リンク配置	[リンク]にチェックをつけて配置すると、画像データをIllustratorファイル内に取り込まず、画像データが保存されている場所を記憶して、プレビューデータを取り込む。そのため画像編集ソフトで元画像を編集すると、配置した画像にも修正内容が反映される。また、画像データを移動、削除、リネームすると、リンク元が不明となるため、Illustratorドキュメント上で表示できなくなる。Illustratorファイルのデータ容量は「画像の埋め込み」と比べて軽くなる。

Lesson 8-2 下絵として画像を配置する

Sample_Data/8-2/

画像を下絵として配置する場合は、[配置]ダイアログの下部にある[テンプレート]にチェックを入れます。すると、下絵に適した状態で画像が配置されます。

下絵として画像を配置する

画像を下絵として配置するには、次の手順を実行します。

01 メニューから[ファイル]→[配置]を選択して、[配置]ダイアログを表示し、配置する画像を選択します❶。またその際、必要に応じて[リンク]のチェックの有無を選択します❷(→p.175)。また、[テンプレート]にチェックを入れます❸。各項目を設定したら[配置]ボタンをクリックします。

02 [テンプレート]にチェックをつけて画像を配置すると、画像はロックされ(→p.123)、また、右図のように半調(濃度:50%)になって配置されます❹。
画像を下絵にして、[ペン]ツール などで描き起こすような場合は、この機能が便利です。

03 配置した下絵画像を移動、または拡大・縮小、回転などの変形をしたい場合は、[レイヤー]パネルのパネルの鍵のアイコンをクリックしてロックを解除します❺。これでテンプレートレイヤーのロックが外れて、画像の編集ができます。
また、下絵画像の濃度を変更したい場合は、[レイヤー]パネルのパネルメニューから[レイヤーオプション]を選択して❻、表示される[レイヤーオプション]ダイアログで[画像の表示濃度]の値を数値で指定します❼。

> **Memo**
> [テンプレート]のチェックを外すと、テンプレートレイヤーが通常のレイヤーに変更されます❽。

Lesson 8-3 画像を置き換える

Sample_Data / 8-3 /

Illustrator のドキュメント上に配置してある画像を、別の画像に置き換えるには、[リンクを再設定]を実行します。簡単な手順ですぐに別の画像に置き換えることが可能です。

配置画像を別の画像に置き換える

ドキュメント内の画像を別の画像に置き換えるには、次の手順を実行します（ここでは[コントロール]パネルを使用して解説します）。

01 [選択]ツール、または[ダイレクト選択]ツールで画像を選択して❶、[コントロール]パネルに表示される「画像のファイル名」をクリックし❷、ポップアップメニューから[リンクを再設定]を選択します❸。

02 [配置]ダイアログが表示されるので、新たに置き換える画像を選択して❹、[配置]ボタンをクリックします❺。

03 すると、元の画像を別の画像に置き換えられます❻。

> **Memo**
> 画像の置き換えは、[リンク]パネルからも実行できます。対象の画像のサムネールを選択して❼、[リンクを再設定]ボタンをクリックします❽。すると、[配置]ダイアログが表示されます。

177

Lesson 8-4 リンク画像を埋め込む

Sample_Data / 8-4 /

リンク配置した画像は、いつでも埋め込み配置に変更できます。また同様に、埋め込み配置されている画像はリンク配置に変更できます。

リンク画像を埋め込む

リンク配置されている画像を、埋め込み配置に変更するには、[選択]ツール、または[ダイレクト選択]ツールで、リンク画像を選択し❶、[コントロール]パネル、または[プロパティ]パネルの[埋め込み]ボタンをクリックします❷。

> **Memo**
> リンク画像を選択すると、画像の対角線を結ぶように[×印]が表示されます。埋め込み画像には表示されません。

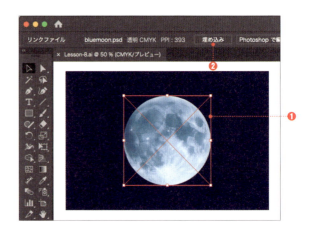

埋め込みを解除する

埋め込み配置されている画像を抽出して、リンク配置に変換するには、次の手順を実行します。

01 [選択]ツール、または[ダイレクト選択]ツールで、埋め込み画像を選択して❸、[コントロール]パネルの[埋め込みを解除]ボタンをクリックします❹。

02 表示される[埋め込みを解除]ダイアログで、ファイル名と保存場所❺、およびファイル形式（PSDまたはTIFF）を選択して❻、[埋め込みを解除]ボタンをクリックします❼。
すると、埋め込みが解除されて、リンク画像に置き換わります。

> **Memo**
> 「一度リンクを解除して埋め込んだが、やはり元の画像データを編集し、再度リンク配置したい」といった場合は、[埋め込みを解除]ではなく、[リンクを再設定]を行い、画像を置き換えます（→p.177）。

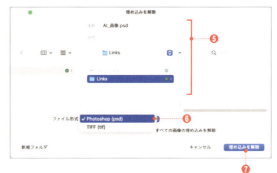

Lesson 8-5 リンク配置の元画像を編集・更新する

Sample_Data/8-5/

リンク配置したPSDやJPG画像は、Illustrator側からPhotoshopを起動して画像を開くことで直ちに編集できます。なお、元画像を編集した場合は、その内容を更新することが必要です。

元画像を編集・更新する

リンク配置した画像の元画像を編集・更新するには、次の手順を実行します。

01 [選択]ツール、または[ダイレクト選択]ツールで、ドキュメント内のリンク画像を選択して❶、[コントロール]パネル、または[プロパティ]パネルの[Photoshopで編集]ボタンをクリックします❷。

02 Photoshopが起動し、画像が開きます❸。画像を編集して、保存し、画像ファイルを閉じます。

> **Memo**
> [選択]ツール、または[ダイレクト選択]ツールで、option（Alt）を押しながら、ドキュメント内のリンク画像をダブルクリックすることでも、オリジナル画像を編集できます。

03 Illustratorに戻ります。リンクファイルを更新するか否かを尋ねるダイアログが表示されるので、[はい]ボタンをクリックします❹。これで、画像が最新の状態に更新されます。

なお、[いいえ]ボタンをクリックすると、リンク画像は更新されず、[リンク]パネルに画像が最新の状態ではないことを示すアイコンが表示されます❺。この画像を最新の状態に更新するには、[リンク]パネルで画像のサムネールを選択して[リンクを更新]ボタンをクリックします❻。

Lesson 8　画像の配置と編集

Lesson 8-6 配置画像の状態を確認する

Sample_Data/8-6/

Illustratorのドキュメント上に配置した画像の情報は、[リンク]パネルで確認できます。例えば、配置の方法、画像ファイルのファイル名や元画像の場所、ファイルサイズなども確認できます。

[リンク]パネルの基本操作

画像の置き換えや編集といった、画像に関する多くの操作は、[コントロール]パネルからも実行できますが、これらの操作を行うには事前に[選択]ツールなどで画像を選択しておかなければなりません。

一方、[リンク]パネルを使用すると、ドキュメント上で画像を[選択]ツールで選択することなく、さまざまな操作や情報の確認が可能です。

[リンク]パネルは、メニューから[ウィンドウ]→[リンク]を選択して表示します。

配置画像の状態

[リンク]パネルには、ドキュメント内に配置した画像や、作成したビットマップ画像がリストで表示されます。画像名の右横にあるアイコンが画像の状態を表しています❶。

さまざまな操作

[リンク]パネルでサムネール画像をクリックして選択状態にして❷、パネル下部の各種ボタンをクリックすることで❸、さまざまな操作を実行できます。

> **Memo**
> 画像に対するそれぞれの操作は、[リンク]パネルのパネルメニューから実行することもできます❹。

[リンク]パネルのアイコン

アイコン	説明
🔗	正常にリンク配置されているリンク画像。
⚠	リンク元の画像が見つからない、またはリンクが外れてしまった画像。
🔄	リンク元の画像が画像編集ソフト（Photoshopなど）で編集され、その変更が反映されていない状態の画像。
なし	埋め込み画像。
☁🔗	CCライブラリからリンクされた画像。
☁🛒	Adobe StockからCCライブラリに追加したライセンス未取得の画像で、CCライブラリからリンクされた画像。

[リンク]パネルの各種ボタン

ボタン	説明
CCライブラリから再リンク	CCライブラリ内にある画像にリンクを再設定できる。このボタンをクリック後に[CCライブラリ]パネルから画像を選択して、同パネルの[再リンク]ボタンをクリックする。
リンクを再設定	[配置]ダイアログが表示され、置き換える画像を選択できる。
リンクへ移動	画像が選択された状態で、ドキュメントウィンドウの中央に表示される。
リンクを更新	リンク画像の状態を最新の状態に更新する。リンク元の画像が画像編集ソフト（Photoshopなど）で編集され、その変更が反映されていない場合に実行する。
Photoshopで編集（オリジナルを編集）	Photoshop、またはリンク元の画像を作成・編集したアプリケーションが起動して画像が開く。

画像の詳細情報を確認する

画像の詳細情報を確認するには、対象の画像をクリックして選択し❶、[リンク]パネルの左下にある[リンク情報を表示]ボタンをクリックします❷。

すると、パネルの下に[リンク情報]が表示されます。ファイルの位置(リンク画像が保存されている場所)や、画像の拡大・縮小率、回転の角度などの情報を確認できます❸。

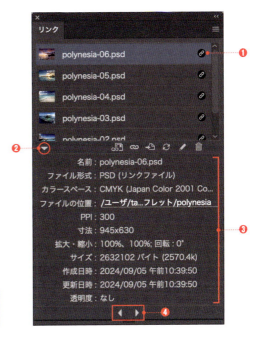

> **Memo**
> [リンク情報]の最下部にある矢印をクリックすると、別の画像の詳細情報を確認できます❹。

ここも知っておこう！　▶ [リンク]パネルに表示する情報の変更

[リンク]パネルに表示する画像の情報は、パネルメニューから変更できます。例えば、パネルメニューから[見つからないリンク]を選択すると❶、リンク元の画像が見つからない画像のみが表示されます。

また、表示順序を変更することもできます❷。配置画像が多く、管理が煩雑な場合は変更してください。

ここも知っておこう！　▶ [リンク]パネルのサムネールを拡大表示する

[リンク]パネルのパネルメニューから[パネルオプション]を選択すると、[リンクパネルオプション]ダイアログが表示されます。

このダイアログで[サムネールの大きさ]などを変更できます❶。

  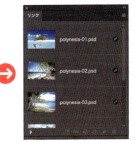

Lesson 8-7 画像の不要な部分を隠す 〈クリッピングマスク〉

Sample_Data/8-7/

配置した画像のうちの不要な部分を隠すには、表示範囲を指定するためのオブジェクトを画像の前面に配置して、[クリッピングマスク] を適用します。

クリッピングマスクを適用する

クリッピングマスクとは、画像の一部を隠す(マスクする)機能です。Illustratorではパスオブジェクトでクリッピングマスクを作成できるため、任意の形状で画像を隠すことが可能です。

画像にクリッピングマスクを適用するには、次の手順を実行します。

01 [楕円形] ツール ◯ で画像上に円のパスオブジェクトを作成します❶。なお、パスの [塗り] や [線] の色や線幅は何でも構いません。

02 [選択] ツール ▶ で前面のオブジェクトと画像の両方を選択して、メニューから [オブジェクト] → [クリッピングマスク] → [作成] を選択します❷。

03 すると、画像が前面に配置した円形のオブジェクトの形に切り抜かれます❸。
[コントロール] パネルで確認すると、[クリップグループ] と表示されます❹。クリップグループは、マスクするオブジェクトである [クリッピングパス] とマスクの対象のオブジェクトから構成されます。

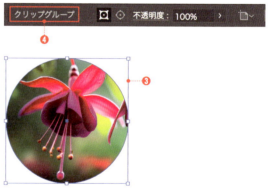

クリッピングマスクを解除する

作成したクリッピングマスクを解除するには、[選択] ツール ▶ でクリップグループを選択して、メニューから [オブジェクト] → [クリッピングマスク] → [解除] を選択します。

クリッピングマスクは、画像を前面のパスオブジェクトで隠しているだけなので、解除すると、画像は元の状態に戻り、その前面に [塗り:なし] [線:なし] のパスが重なります。

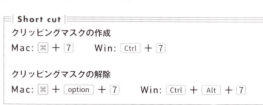

Short cut
クリッピングマスクの作成
Mac: ⌘ + 7   Win: Ctrl + 7

クリッピングマスクの解除
Mac: ⌘ + option + 7   Win: Ctrl + Alt + 7

Memo
クリッピングマスクの作成、および編集の操作は、対象となるオブジェクトを選択した状態で、[プロパティ] パネルのクイック操作セクションから行うこともできます。

クリッピングマスクを編集する

クリッピングマスクや、クリップグループを編集するには、次の手順を実行します。

クリップグループの移動、拡大・縮小

クリッピングマスクを適用したクリップグループは、表示範囲をそのままに、移動、拡大・縮小を行えます❶。オブジェクトの変形については、p.64も併せて参照してください。

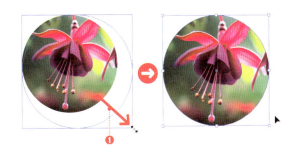

マスクの対象を編集する

マスクの対象（右図では花の画像）を編集するには、[選択]ツールでクリップグループをダブルクリックして、編集モード（→p.115）に切り替えます❷。

編集モード中に画像をクリックすると表示はそのままで、隠れている部分も含めた、元の画像のサイズでバウンディングボックスが表示されます❸。この状態で画像のみの移動や変形を行うことができます。

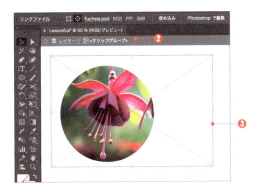

クリッピングマスクを編集する

クリッピングマスク（右図では円形のパスオブジェクト）を編集するには、[クリッピングパスを編集]ボタン（左側のボタン）をクリックして❹、クリッピングマスクを操作対象に切り換えたうえで、パスを操作して変形します❺。右図ではバウンディングボックスの左中央部のハンドルをドラッグして楕円形に変形しています。

編集モードを終了するには、余白をダブルクリックします。すると、クリッピングマスクが編集できていることが確認できます❻。

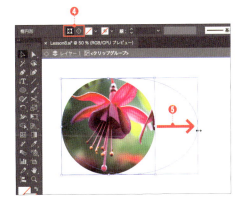

> **Memo**
> [選択]ツールで画像を選択した際に、[コントロール]パネル、または[プロパティ]パネルに表示される[マスク]ボタンをクリックすると❼、画像と同じ大きさのクリッピングマスクが作成されます。
>
>

Sample_Data / 8-8 /

写真をモザイク加工する

[モザイクオブジェクトを作成]機能を使用すると、ドキュメント上に配置した画像にモザイク加工を施すことができます。Illustrator上で高度な画像処理を行うことはできませんが、こういった面白い機能も用意されています。

写真をモザイク加工する

写真をモザイク加工するには、次の手順を実行します。

01 [選択]ツール でモザイク加工のベースにする埋め込み画像を選択します❶。

Memo
[モザイクオブジェクトを作成]機能は、リンク画像には適用できません。埋め込む必要があります。
また、パスに適用するには、事前にラスタライズしてビットマップ画像に変換することが必要です❷。

02 メニューから[オブジェクト]→[モザイクオブジェクトを作成]を選択して❸、[モザイクオブジェクトを作成]ダイアログを表示します。

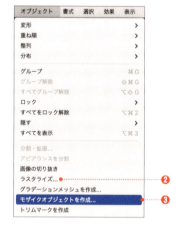

03 [オプション]セクションで[比率を固定：幅][効果：カラー]に設定し❹、[ラスタライズデータを削除]にチェックをつけます❺。
[タイル数]セクションで[幅：45]に設定して❻、ダイアログ左下の[比率を使用]ボタンをクリックします❼。
すると[タイル数]セクションの[高さ]の値が自動的に割り出されます❽。
設定後[OK]ボタンをクリックします❾。

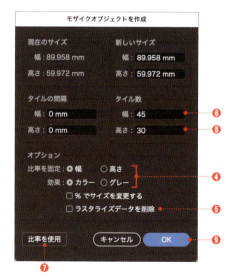

03 モザイク加工のベースになった埋め込み画像が削除されて、モザイクタイル状に並んだ長方形のパスが作成されます❿。選択を解除すると、モザイク画像になっていることが確認できます。

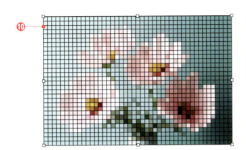

[モザイクオブジェクトを作成]ダイアログの設定項目

設定項目	説明
現在のサイズ	モザイクを適用する選択中の埋め込み画像のサイズ。
新しいサイズ	仕上がりのモザイクのサイズを指定する。
タイルの間隔	モザイクのタイルの間隔を指定する。
タイル数	モザイクのタイルの縦横の枚数を指定する。
比率を固定	[比率を使用]ボタンを使用した場合の基準となる方向を指定する。
効果	モザイクのカラーモードを指定する。
%でサイズを変更する	チェックをつけると仕上がりのモザイクオブジェクトのサイズを%で指定できる。
ラスタライズデータを削除	チェックをつけるとモザイク加工のベースに使用した画像を削除する。
[比率を使用]ボタン	クリックするとタイルが正方形になる。

ここも知っておこう! ▶ 円形のドットモザイクを作成する

通常は長方形のモザイクオブジェクトを、他の形に変形すると、ユニークなアートワークを作成できます。一例として、円形のドットのモザイクに変換するには、次の手順を実行します。

01 メニューから[オブジェクト]→[グループ解除]を選択して、グループを解除する

02 [選択]ツール▶でモザイクオブジェクトの1つのタイルを選択して、[変形]パネルで[W](幅)と[H](高さ)を確認する。今回は[W:1.9999mm][H:1.9999mm]

03 [選択]ツール▶ですべてのモザイクタイルを選択して、メニューから[効果]→[形状に変換]→[楕円形]を選択する

04 [値を指定]を選択し❶、[幅]と[高さ]に先ほど確認したタイルのサイズを参考にして値を入力する。今回は[幅:1.9mm]と[高さ:1.9mm]❷

05 [OK]ボタンをクリックすると❸、円形のドットのモザイクタイルを作成できる

Lesson 8-9 画像をイラストに変換する

Sample_Data/8-9/

［画像トレース］機能を使用すると、簡単な手順で、写真や画像などのビットマップ画像をパスオブジェクトでトレースできます。手軽にイラストのような表現ができます。

［画像トレース］機能とは

Illustratorには、写真や撮影した手書きのスケッチ画像などのビットマップ画像を、パスオブジェクトに変換できる［画像トレース］機能が用意されています。ここでは右のビットマップ画像をトレースし、編集する方法を説明します。

01 ［選択］ツール で対象のビットマップ画像を選択して❶、［コントロール］パネルの［画像トレース］ボタンの右横にある［トレースプリセット］ボタンをクリックし❷、［16色変換］をクリックします❸。
なお、［プロパティ］パネルからも［画像トレース］を適用することができます。

02 進行状況を示すダイアログが表示され、処理が完了すると、画像がトレースされます❹。
なお、この状態の画像のことを「**画像トレースオブジェクト**」と呼びます。

元画像

トレース後

> **Memo**
> 画像トレースの処理にかかる時間は、PCのスペック、および画像の大きさ（解像度）、選択した［トレースプリセット］の種類などによって大きく異なります。

03 適用具合を編集するには、［選択］ツール でトレース画像を選択して、［コントロール］パネルの［オプション］ボタンをクリックします❺。

04 ［画像トレース］パネルが表示されます。このパネルを操作することで、画像トレースオブジェクトの状態を細かく調整できます。
［プリセット］には、先の手順で選択した［トレースプリセット］が設定されています❻。右図のように［詳細］の項目が表示されていない場合は［詳細］をクリックして設定項目を展開してください❼。

画像トレースオブジェクトを単純化して、よりイラスト風に見せたい場合は、［パス］［アンカー］［カラー］の各項目の数が少なくなるように設定します。

| 05 | ここでは [写真（低精度）] に設定した後に、色の数を減らしてよりイラスト風に仕上げました。次のように設定しました❽。 |

- ▶ [カラーモード：カラー]
- ▶ [パレット：限定]
- ▶ [カラー：5]
- ▶ [パス：60%]
- ▶ [コーナー：75%]
- ▶ [ノイズ：2px]

| 06 | 画像トレースオブジェクトは、元の画像とトレース結果のベクターデータの両方の要素で構成されています。これらをパスに変換するには、[画像トレース] パネル、または [コントロール] パネルの [拡張] ボタンをクリックします❾。 |

| 07 | すると、各カラーを構成する要素が個別のパスに変換されて右図のようになります❿。初期状態ではこれらは全体が1つのグループになっていますが、グループを解除するか（→p.114）、または編集モードでグループオブジェクト内に入ることで（→p.115）、各パスを個別に編集できます。 |

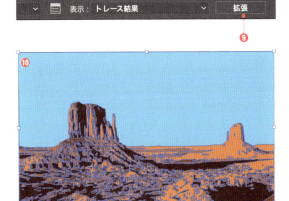

◆ [画像トレース] パネルの設定項目

項　目	説　明
プリセット	Illustratorにあらかじめ用意されている設定値集。任意の項目を選択するだけで簡単に画像をトレースできる。
表示	表示状態を選択できる。[トレース結果][トレース結果とアウトライン][アウトライン][アウトラインと元の画像][元の画像]がある。また右端にある [目玉のアイコン] を長押しすると、元の画像が表示される。
カラーモード	トレース結果のカラーモードを [カラー][グレースケール][白黒] のなかから選択できる。
パレット	[自動][限定][フル階調] のいずれかを選択すると元画像の色を用いて、トレース結果の色が生成される。一方、[ドキュメントライブラリ] を選択すると、ドキュメントの [スウォッチ] パネル内の色でトレース結果の色が生成される。
(カラー)	[カラーモード：カラー] を選択すると表示される。トレースに使用する色数を指定する。
(グレー)	[カラーモード：グレースケール] を選択すると表示される。トレースに使用する色数を指定する。
(しきい値)	[カラーモード：白黒] を選択すると表示される。白または黒へ変換する際のバランスを設定する。
▼詳細	
パス	誤差の許容値を設定する。大きい値になるほど、精密なトレース画像になる。
コーナー	コーナーの割合を設定する。大きい値になるほど、コーナーの多い画像になる。
ノイズ	指定したサイズ以下のピクセルを、トレース時に無視する。
方式	[隣接] を選択すると、重なり合わない切り抜かれたパスが作成される。[重なり] を選択すると、隣接部分が重なり合ったパスが作成される。
作成	[塗り][線] は [カラーモード：白黒] を選択すると設定可能になる。[塗り] にチェックをつけると、塗り領域を作成する。[線] にチェックをつけると、指定したサイズ以下の線として認識された領域が線に変換される。[グラデーション] にチェックをつけると、画像から線形グラデーションを検出してトレースする。[カラーモード：カラーまたはグレースケール] を選択すると設定可能になる。[シェイプ] にチェックをつけると、画像内の円、正方形、長方形を検出し、ライブシェイプとしてトレースする。
オプション	[曲線を直線にスナップ] にチェックをつけると、少し曲がった線が直線に置き換えられる。[透明部分] にチェックをつけると、[カラーモード：カラー] に設定した場合に、画像の透明部分が白としてトレースされるのを防ぎ透過する。[カラーを透過] にチェックをつけると、カラーピッカーを使用してトレース画像内から取得した色を透過する。

Lesson 8-10 画像を切り抜く

Sample_Data / 8-10 /

［画像の切り抜き］機能を使用すると、配置した埋め込み画像の不要な部分を切り抜くことができます。クリッピングマスク機能で画像を隠したのとは異なり、ピクセルを削除することができます。

［画像の切り抜き］機能

Illustratorでは、ドキュメント内に配置した埋め込み画像を切り抜くことができます。

なお、画像のピクセル自体を削除するため、後から画像のトリミング範囲を変更することはできません。一時的に隠したいだけの場合は、クリッピングマスク機能（→p.182）を使用します。

01 ［選択］ツール で対象の埋め込み画像を選択して、コンテキストタスクバー、または［コントロール］パネル、［プロパティ］パネルの［画像の切り抜き］ボタンをクリックします❶。

> リンク画像を選択して［画像の切り抜き］ボタンをクリックした場合は、画像の埋め込みを促すダイアログが表示されます。

02 埋め込み画像の周りにハンドルが表示され、ハンドルの外側のすべての領域が白く半調表示されるので、ハンドルをドラッグして切り抜く範囲を指定します❷。

03 切り抜く範囲が決まったら、［コントロール］パネル、または［プロパティ］パネルの［適用］ボタン❸をクリックするか、または Return （ Enter ）を押して、切り抜きを実行します。

> **Memo**
> 切り抜きをキャンセルする場合は、［キャンセル］ボタン❹をクリックするか、または esc を押します。

> **Memo**
> ドラッグ操作ではなく、数値指定で画像を切り抜きたい場合は、［コントロール］パネルおよび［プロパティ］パネルに表示される［変形］パネルを操作して行います❺。また［PPI］の値を指定することで❻、切り抜き後の画像の解像度を指定することができます。

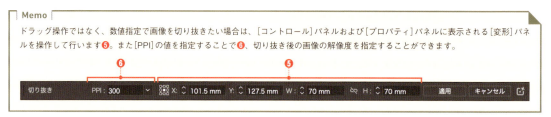

Sample_Data / 8-11 /

[モックアップ] 機能で画像にアートワークを合成する

[モックアップ] 機能を使用すると、作成したアートワークをTシャツやマグカップ、パッケージなどの写真に合成してモックアップを作成することができます。

画像を用意してモックアップを作成する

モックアップを作成すると画像内の凹凸や奥行きに合わせてIllustratorが自動的に調整してくれるので、サイズと位置を調整します。

01 [選択] ツール で用意したビットマップ画像とベクターアートワークを選択して❶、メニューから [オブジェクト] → [モックアップ] → [モックアップを作成] を選択します❷。

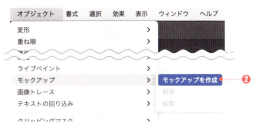

02 すぐにモックアップが作成されて、画像の上にアートワークが配置されます。
アートワークを囲むように楕円形のハンドルが表示されるので❸、楕円形の内側の領域をドラッグして移動し、ハンドルをドラッグして拡大・縮小、ハンドルの外側をドラッグして回転して配置を整えます❹。

パネル内の無料画像テンプレートを使用する

01 メニューから [ウィンドウ] → [モックアップ] を選択して、[モックアップ] パネルを表示します。
[選択] ツール でベクターアートワークを選択したら、[モックアップ] パネルの [モックアップをプレビュー] ボタンをクリックして、作成します❶。
編集するには、パネルの画像の上にマウスを重ねると、[カンバスに配置] と表示されるのでクリックして配置します。
パネルに表示されている画像は無料テンプレートとして使用できます。

プルダウンメニューから他のカテゴリに切り替えることができます。

画像を用意してモックアップを作成した際に [+] ボタンをクリックするとテンプレートとして [自分のモックアップ] に保存できます❷。

Memo
写真 (ビットマップ画像) 上に配置できるのは、ベクター画像のみです。さらに制限があり、次のオブジェクトは、モックアップを作成することはできません。
配置画像、クリッピングマスクが適用されたクリップグループ、パターンオブジェクト、メッシュオブジェクト、グラフ、グラデーションメッシュ、フリーグラデーションなどです。

COLUMN

オンラインヘルプの活用

　Illustratorの全機能を完璧に暗記して使いこなすことはほぼ不可能ですし、そのようなことをする必要はありません。基本的な仕組みさえ理解しておけば、各機能の具体的な使い方については、必要になった際にその都度、書籍やインターネットなどを参照して確認していけば良いと思います。

　Illustratorの開発元であるアドビシステムズ社も、機能の使い方や特徴を調べるのに便利なオンラインヘルプを用意しています。

01 Illustratorのオンラインヘルプを閲覧するには、メニューから［ヘルプ］→［Illustratorヘルプ］を選択します❶。すると、［もっと知る］ウィンドウが表示されます。

02 ［もっと知る］ウィンドウにはさまざまなメニューが用意されています。目的に合致した項目があれば、項目名をクリックしてください。
特定の機能の使い方を調べたい場合は、検索窓にキーワードを入力して検索します❷。
また、チュートリアルや新機能についての解説をウィンドウ内で閲覧することができます❸。
他にもユーザーガイドやサポートコミュニティなど、webサイトへのリンクも用意されています❹。

Lesson 9
Charactter, Paragraph, Typography.

文字操作と段落設定
各種パネルの基本操作から応用テクニックまで

文字や文章は、Illustratorで扱うことのできる要素のなかでももっとも重要な要素の1つです。文字は「読ませるための文字」としてだけでなく、アートワークの一部分にアクセントとして活用したり、ロゴ制作時の基本要素にしたりと、利用範囲はとても広いです。

Sample_Data/9-1/

Lesson 9-1 ［文字］パネルを理解する

フォントやサイズ、字間、行間の設定など、文字に関する操作の多くは［文字］パネルで行います。基本的な操作を理解しておきましょう。

［文字］パネル

［文字］パネルは、メニューから［ウィンドウ］→［書式］→［文字］を選択して表示します。詳細オプションが表示されていない場合は、パネルメニューから［オプションを表示］を選択します❶。

> **Memo**
> J、K、Lの日本語オプションが表示されていない場合は、メニューから[Illustrator]（Windowsでは[編集]）→［設定］→［テキスト］を選択して［環境設定］ダイアログを表示し、［東アジア言語のオプションを表示］にチェックをつけます。

Wの［グリフにスナップ］は、メニューから［表示］→［スマートガイド］と［グリフにスナップ］にチェックをつけて有効にすると、オブジェクトの描画、変形、移動の際にテキストオブジェクトの境界に［グリフガイド］が表示されます。

フォントの検索

Aは、フォント名を入力して、フォントを検索できます。

［さらに検索］⓬をクリックすると「Adobe Fonts」から追加できるフォント一覧が表示され、［アクティベート］ボタンで⓫、フォントのアクティベート/ディアクティベートを切り替えることができます。

フォントを設定／行送りを設定（→ p.200）

Bは「フォント（書体）」を設定します。Cはフォントスタイルを設定します。フォントスタイルとはフォントのバリエーションで、主に太さを選択します。Dはフォントサイズを設定します。Eは行送りを設定します。

> **Memo**
> ・［虫眼鏡］アイコン❷は、クリックして［任意文字検索］と［頭文字検索］を切り替えることができます。
> ・［分類フィルター］❸は、「セリフ」、「サンセリフ」、「スクリプト」など、選択した分類のフォントを表示します。
> ・［お気に入りフィルター］❹は、⓾の☆印をクリックして、お気に入りに追加したフォントのみを表示します。
> ・［最近追加したフォントフィルター］❺は、最近追加したフォントのみを表示します。
> ・［アクティベートフィルター］❻は、「Adobe Fonts」から追加したフォントのみを表示します。
> ・サンプルテキストに表示するテキスト❼と、表示サイズを設定します❽。
> ・選択中のフォントと類似するフォントを表示します❾。
> ・クリックしてお気に入りに追加します⓾。
> ・「Adobe Fonts」から追加して、アクティベートされたフォントに表示されます⓫。

垂直比率F／水平比率を設定G

値を変更して、文字を垂直・水平方向に変形します。

縦長に変形した長体

横長に変形した平体

🔖 カーニングを設定 H (→p.201)

カーニングとは、**文字の組み合わせに応じて字間を調整する処理**です。同じ設定値でも文字によって間隔が異なります。プリセットを選ぶか、または文字と文字の間にキャレットを配置して設定を行います。

🔖 トラッキングを設定 I (→p.201)

トラッキングとは、**文字種に関わらず全体を均等に調整する処理**です。文字列を選択した状態で設定を行います。

🔖 文字ツメを設定 J

文字ツメとはそれぞれの文字幅に応じて**文字の前後のアキ（空白）を調整する処理**です。文字間のアキが気になる特定の文字列を選択して行うと効果的です。

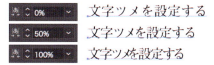

🔖 アキを挿入 K L

アキを設定します。選択した文字の前後（左／上または右／下）にアキを設定します。文字間のアキが気になる特定の文字列を選択して行うと効果的です。

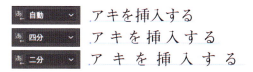

🔖 ベースラインシフトを設定 M

選択した文字のベースラインの位置を上下（横組み）または左右（縦組み）に移動できます。

M-01

🔖 文字回転を設定 N

選択した文字の角度を指定して文字を回転できます。

🔖 オールキャップス・スモールキャップス O P

オールキャップスは、すべて大文字に変換します。スモールキャップスは、小文字を小文字と同じ高さで作られた大文字に変換します。

🔖 上付き文字・下付き文字 Q R

選択した文字を上付き・下付き文字に変更できます。

上付き文字 105 → 10^5

下付き文字 H2O → H_2O

🔖 下線 S ／打ち消し線 T

選択した文字に下線を加たり、打ち消し線を加えることができます。

under　~~strike~~

🔖 言語を設定 U

選択した文字に対する「言語」を設定します。ハイフネーションやスペルチェックを行う際に辞書として使用する言語を選択します。

🔖 アンチエイリアスの種類を設定 V

JPGやPNGなどの画像を書き出す際の「文字のアンチエイリアスの種類」を設定します。なお、書き出す際に[書き出しオプション]ダイアログで[アンチエイリアス：文字に最適(ヒント)]を選択します。

Lesson 9-2 文字を入力する

Sample_Data / 9-2 /

Illustratorでは、[文字] ツール T 、およびその関連ツールを使用して文字を入力します。文字は「ポイント文字」「エリア内文字」「パス上文字」の3種類に分類され、これらを総じてテキストオブジェクトと呼びます。

ポイント文字を入力する

ポイント文字は、「タイトル」や行数の少ない「見出し」など短い文字列を入力する際に使います。ポイント文字は任意の箇所で改行できます。

[文字] ツール T または [文字 (縦)] ツール IT で作成します。

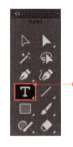

01 ツールバーから [文字] ツール T を選択すると❶、マウスポインターが❷に変わります。アートボード上の任意の場所をクリックします。クリックすると、その場所にキャレット（カーソル）が点滅します❸。

02 この状態で文字を入力します❹。
なお、ポイント文字の位置は入力後に簡単に移動できるので、あまり正確な配置にこだわる必要はありません。

03 文字を入力すると、文字列の最後尾でキャレット（カーソル）が点滅します。入力操作を終了する場合は、⌘ (Ctrl) を押しながら、アートボード上の任意の箇所をクリックします❺。

> **Memo**
> メニューから [Illustrator]（Windowsでは [編集]）→ [設定] → [テキスト] → [新規テキストオブジェクトにサンプルテキストを割り付け] にチェックをつけると、テキストオブジェクトを作成時にサンプルテキストを自動で割り付けることができます❻。割り付けられたサンプルテキストは、文字が全選択された状態で、続けて入力を行うことで文字を上書きできます。

ここも知っておこう！ ▶ ポイント文字とエリア内文字の切り換え

[選択] ツール ▶ でテキストオブジェクトを選択して表示される、ハンドルをダブルクリックして、ポイント文字とエリア内文字を切り換えることができます。

またメニューから [書式] → [エリア内文字に切り換え]（[ポイント文字に切り換え]）を選択して相互に切り換えることができます。

複数のテキストオブジェクトを変換する場合にはメニューから行うと一括でできるのでよいでしょう。

ポイント文字
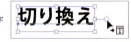

エリア内文字

📄 エリア内文字を入力する -1

エリア内文字とは、**テキストエリアに入力された文字**です。「本文」や「キャプション」など長文を入力する際に使います。テキストエリアの端で自動的に文字が折り返されて次の行に流れます。複数のテキストエリアをつなげてスレッドテキストを作成することもできます。

テキストエリアの作成には、[文字]ツール🅣でドラッグして任意のサイズのテキストエリアを作成する方法と、[エリア内文字]ツール🅣または[エリア内文字(縦)]ツール🅣でパスオブジェクトを変換する方法の2通りの方法があります。

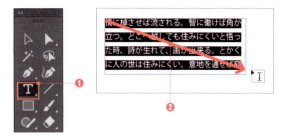

01 ツールバーから[文字]ツール🅣を選択して❶、アートボード上をドラッグすると、ドラッグの軌跡に長方形の「テキストエリア」が作成されます❷。

02 この状態で文字を入力すると、テキストが自動的にテキストエリアの端で折り返されます❸。

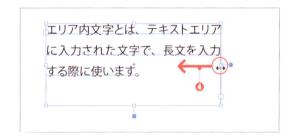

03 テキストエリアの大きさは後から変更できます。[選択]ツール🅣でテキストオブジェクトを選択して、バウンディングボックスのハンドルを操作して変更します❹。

💡ここも知っておこう！ ▶ キー入力による各種文字ツールの切り換え

[文字]ツール🅣とキー入力を組み合わせて各種文字ツールを切り換えることができます。[文字]ツール🅣をパスオブジェクトの上に重ねると、クローズパスの場合は[エリア内文字]ツール🅣に、オープンパスの場合は[パス上文字]ツール🅣に、自動的に切り替わります❶。

また[option]([Alt])を押すと、[エリア内文字]ツール🅣と[パス上文字]ツール🅣が逆に切り換わり❷、[shift]を押すと、各文字ツールが、縦書きの[文字(縦)]ツール🅣に切り替わります❸。

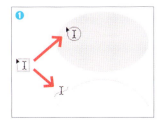
[option]([Alt])を押す

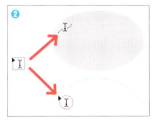
[shift]を押す

🖼 エリア内文字を入力する -2

あらかじめ［長方形］ツール■や［楕円形］ツール●でテキストエリアに変換するパスオブジェクトを作成してから、テキストエリアに変換します。

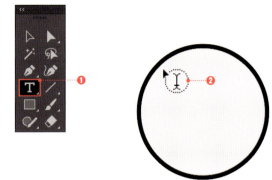

01 テキストエリアに変換するパスを描画します。ここでは［楕円形］ツール●で正円を描きました。
［文字］ツールTで❶、パスの境界線上にマウスポインターを重ねると、マウスポインターの形状が自動的に［エリア内文字］ツールTに切り替わります❷。

02 パスの境界線上をクリックすると、パスの［塗り］と［線］が消え、エリア内文字のテキストエリアに変換できます。この状態で文字を入力します❸。

🖼 オーバーセットテキスト

文字がテキストエリア内に収まらない場合は、テキストエリアの最後尾に＋記号が表示されます❹。このようなテキストを**オーバーセットテキスト**（またはオーバーフローテキスト）と呼びます。

このような場合は、テキストエリアのサイズまたは文字量を調整してすべてが表示されるようにします。右図では、［選択］ツール▶でバウンディングボックスをドラッグして、テキストエリアのサイズを広げて、すべてが表示されるように調整しました❺。

ここも知っておこう！ ▶ 新規エリア内文字の自動サイズ調整

テキストエリア下部中央のハンドルをダブルクリックすることで、自動サイズ調整を実行できます。

❻をダブルクリックすると自動的にテキストエリアが拡大して、溢れた文字が表示されます❼。テキストエリアのサイズを固定したい場合は、❽をダブルクリックします。

メニューから［Illustrator］（Windowsでは［編集］）→［設定］→［テキスト］→［新規エリア内文字の自動サイズ調整］をオンにすると、新規で作成したエリア内文字は、すべて自動サイズ調整されます。

🖌 パス上文字を入力する

「**パス上文字**」とは、**パスの境界線上に沿って入力された文字**です。動きのある「タイトル」や「見出し」などを作成する際に使用します。改行はできませんが、複数のテキストエリアをつなげてスレッドテキストを作成することができます。

[パス上文字]ツール または[パス上文字(縦)]ツール で作成します。

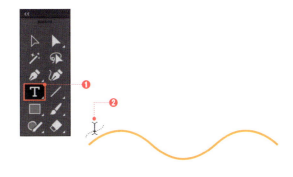

01 文字を沿わせたいパスオブジェクトを描画します。ここでは[ペン]ツール で曲線を描きました。
[文字]ツール で ❶、パスの境界線上にマウスポインターを重ねると、マウスポインターの形状が自動的に[パス上文字]ツール に切り替わります❷。

02 パスの境界線をクリックすると、パスの[塗り]と[線]が消えて、パス上文字のテキストエリアになります。
この状態で文字を入力すると、テキストがパスに沿って入力されます❸。

03 パス上文字の位置は、[選択]ツール または[ダイレクト選択]ツール で、テキストエリアの先頭、中間点、末尾の3箇所に表示されるブラケットをドラッグして変更できます❹。

04 また、中間点のブラケットをパスの反対側にドラッグして❺、テキストエリアを反転できます❻。なお、文字の間隔をより細かく調整したい場合は、[文字]パネルの[トラッキングの設定]、[段落]パネルの行揃えの設定で行います。また文字の位置の調整は[文字]パネルの[ベースラインシフトを設定]で行います。

🔍 ここも知っておこう！ ▶[パス上文字オプション]を設定する

[選択]ツール でパス上文字のテキストオブジェクトを選択して、メニューから[書式]→[パス上文字オプション]→[パス上文字オプション]を選択し、[パス上文字オプション]ダイアログを表示して設定します。

[パス上文字オプション]を使用すると、パス上文字の並び方や、位置や間隔や角度などを設定することができます。

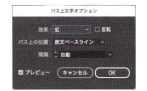

Lesson 9-3 文字を編集する

Sample_Data/9-3/

効率よく文字を編集するには、素早く目的の箇所を選択することが重要です。[文字] ツール T で編集したい箇所をクリックしてキャレットを挿入するか、または [文字] ツール T でドラッグして文字列を選択して行います。

文字を追加する

文字を追加するには、[文字] ツール T ❶ で文字を追加したい箇所をクリックします。クリックした箇所にキャレットが挿入されて点滅するので ❷、この状態で文字を入力して追加します ❸。

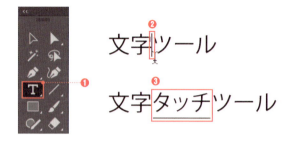

文字の修正

修正したい文字列を [文字] ツール T でドラッグして選択します ❹。選択すると文字が反転表示になります。この状態で変更したい文字を入力します ❺。

ダブル&トリプルクリックで選択する

[文字] ツール T でテキストオブジェクトの任意の箇所をダブルクリックすると、「単語」(または同種の文字列)を選択できます ❻。

また、トリプルクリック(続けて3回クリック)すると「段落」を選択できます ❼。

> ❻ ダブルクリック
>
> 色を使いこなし、目的に合った配色をおこなうためには、まずは色の基本的な性質を知ることが大切です。
> 色とは3つの性質からなります。「色相」、「明度」、「彩度」で、この3つの性質を色の三属性といいます。

> ❼ トリプルクリック
>
> 色を使いこなし、目的に合った配色をおこなうためには、まずは色の基本的な性質を知ることが大切です。
> 色とは3つの性質からなります。「色相」、「明度」、「彩度」で、この3つの性質を色の三属性といいます。

文字の削除

[文字] ツール T で削除したい文字の後ろをクリックしてキャレットを挿入するか、または削除したい文字列をドラッグして選択して、[Delete]([Back space])を押して削除します ❽。

テキストオブジェクト自体を削除するには、[選択] ツール で テキストオブジェクトをクリックして選択して、[Delete]([Back space])を押します。

文字を選択す|❽

> **Memo**
> [選択] ツール (または [ダイレクト選択] ツール)の使用時に、テキストオブジェクトをダブルクリックすると、クリックした箇所にキャレットが挿入され、[選択] ツール が [文字] ツール T に切り替わります。ツールバーから [文字] ツール T を選ばなくても、素早く [文字] ツール T に切り替えることができます。

Lesson 9-4 フォントとフォントサイズを変更する

Sample_Data / 9-4 /

フォントやフォントサイズ、その他の文字の設定は、[文字]パネルで行います。文字の入力前でも後でも変更が可能です。

📁 フォントを一括で変更する

[選択]ツール でクリックしてテキストオブジェクトを選択して❶、[文字]パネルの[フォントの設定]をクリックし、任意のフォントを選び、続けてフォントスタイルを設定します❷。

ここでは細い明朝体から太いゴシック体に変更しました❸。

📁 個別の文字のサイズを変更する

テキストオブジェクト全体のフォントサイズを変更する場合は、[フォントサイズを設定]で行いますが❹、インライン内の個別の文字のフォントサイズを変更する場合は[垂直比率の設定]と[水平比率の設定]を変更します❺。

[文字]ツール でドラッグしてサイズを変更する文字を選択して、[垂直比率の設定]の[矢印]ボタンをクリックします。プルダウンリストからここでは[50%]を選び、[水平比率の設定]も同様に[50%]に設定すると、図のように選択した文字のフォントサイズを変更できます❻。

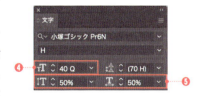

📁 文字揃えを変更する

フォントサイズが異なる文字列では、文字が不揃いに見えます。Illustratorのデフォルトの設定では、[文字揃え]が[中央]に設定されているためです。

ここでは文字揃えを変更します。[文字]パネルのパネルメニューから[文字揃え]→[欧文ベースライン]に設定します❼。これで、ベースラインを揃えることができました❽。

> **Memo**
> [文字揃え]→[欧文ベースライン]に設定しても、不揃いに見える場合は、[文字]ツール でドラッグして選択して、[文字]パネルの[ベースラインシフトを設定]で調整を行います。

Lesson 9-5 文字の行間を調整する

Sample_Data / 9-5 /

行と行の間隔（行間）は、［文字］パネルの［行送りを設定］で設定します。

行送りを変更する

行間は、［文字］パネルの［行送りを設定］で設定します。初期設定では［行送りを設定］の値は、フォントサイズに応じて一定の比率（フォントサイズの175％の値）で自動的に変更されます。なお、初期値が設定されているときは、［行送りを設定］の値が「()」で括られて表示されます❶。

行送りを変更する場合は、［選択］ツールでテキストオブジェクトをクリックして選択するか、または［文字］ツールで文字列を選択して、［文字］パネルの［行送りの設定］を変更します❷。

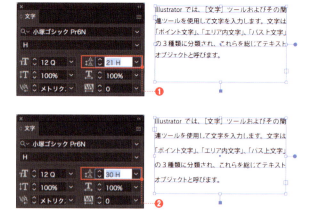

Memo

［選択］ツールでテキストオブジェクトをクリックして選択した状態で、ショートカットキーを入力して行送りを変更できます。
なお、ショートカットキー入力で編集する際に適用される値は、メニューから［Illustrator］→［設定］→［テキスト］（Windowsではメニューから［編集］→［設定］→［テキスト］）を選択すると表示される［環境設定］ダイアログの［サイズ／行送り］［トラッキング］［ベースラインシフト］セクションで設定できます。

Short cut
行送り（横組み）
Mac: option + ↑, ↓　Win: Alt + ↑, ↓

Short cut
行送り（縦組み）
Mac: option + →, ←　Win: Alt + →, ←

ここも知っておこう！ ▶ 2種類の行送りの設定

行送りには「行の上端間の距離」を基準とする［仮想ボディの上基準の行送り］と、［テキストのベースライン間の距離］を基準とする［欧文基準の行送り］の2種類があり、［段落］パネルのパネルメニューから設定できます❶。

この設定は行送りを測定する方法を指定するもので、行送りの幅には影響しません。ただし、行内に［行送りの設定］の設定値が異なる文字が混在する場合には、最大値が適用された文字の［行送りの設定］が優先されるため、意図せぬ結果になる場合があるので、適宜切り替える必要があります。

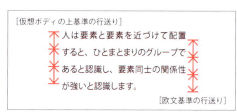

200

Lesson 9-6 文字の間隔を調整する

文字と文字の間隔（字間）の調整は、［文字］パネルの［カーニング］や［トラッキング］で行います。

📋 カーニングとは

特定の文字と文字の組み合わせに応じて、文字と文字のアキを調整します。［文字間のカーニングを設定］で設定します。

［選択］ツール▶でテキストオブジェクトを選択して、［文字］パネルの［カーニング設定］をクリックします❶。なお初期設定値は「0」です❷。

☑ メトリクス

［メトリクス］を選択すると、フォントに定義されているカーニング情報を元に、文字と文字の組み合わせごとに最適なカーニングが設定されて、字間が詰まります❸。

☑ オプティカル

カーニング情報が定義されていないフォント（［メトリクス］を選択しても間隔が変わらないフォント）を使用する場合は、［オプティカル］を選択するとよいでしょう。［オプティカル］を選択すると文字の形状を元にカーニングが設定されます❹。

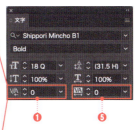

カーニングやトラッキングの単位は「em」です。1000emで1文字分になります。下図では［カーニング設定：0］の上に［メトリクス］や［オプティカル］を重ねています。

❷［カーニング設定：0］

Tokyo Taste Walks
東京テイストウォーク

❸［カーニング設定：メトリクス］

Tokyo Taste Walks
東京テイストウォーク

❹［カーニング設定：オプティカル］

Tokyo Taste Walks
東京テイストウォーク

📋 トラッキングとは

字間を均等に調整する場合に設定します❺。トラッキング（字送り）は、ドラッグして選択した文字列、または［選択］ツール▶で選択したテキストオブジェクト全体の字間を均等に調整します❻。

東 京 味 散 歩

❻ **東京味散歩**

Memo

個別に字間を調整する場合は、該当箇所を［文字］ツール T でクリックしてキャレットを置き、右記のショートカットキーを入力するか、または［カーニング設定］に直接数値を入力します。

なお、OpenTypeフォントで、［カーニング：メトリクス］を適用した場合は、［OpenType］パネルの［プロポーショナルメトリクス］にチェックをつけるとよいでしょう。

Short cut
カーニング／トラッキング
Mac: option + ←、→　Win: Alt + ←、→

Lesson 9-7 [段落]パネルを理解する

Sample_Data/9-7/

[段落]パネルを使用すると、テキストの行揃えや均等配置、インデント（字下げ）、段落の前後のアキ、括弧や句読点などの約物の調整、禁則処理で日本語テキストの改行の調整などができます。

行揃えを設定する

テキストの行揃えを変更するには、[選択]ツールでテキストオブジェクトを選択するか、[文字]ツールTで段落にキャレットを置き、[段落]パネルの[行揃え]ボタンから[左揃え][中央揃え][右揃え]のうちの任意の1つをクリックします。また、テキストを両端揃えにするには、[均等配置]ボタンから1つをクリックします。

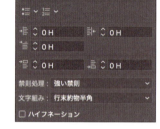

 [左揃え]
テキストオブジェクトの行揃えを設定する

 [中央揃え]
テキストオブジェクトの行揃えを設定する

 [右揃え]
テキストオブジェクトの行揃えを設定する

[均等配置]（最終行左揃え）
テキストエリアを両端揃えに設定するには均等配置を選びます。

[均等配置]（最終行中央揃え）
テキストエリアを両端揃えに設定するには均等配置を選びます。

[均等配置]（最終行右揃え）
テキストエリアを両端揃えに設定するには均等配置を選びます。

[両端揃え]
テキストエリアを両端揃えに設定するには均等配置を選びます。

[箇条書き]を設定する

箇条書きは、[箇条書き記号]❶と[自動番号]❷を設定できます。箇条書きを設定したい行を[文字]ツールTで選択し、ここでは[自動番号]❷をクリックします。すると、選択した段落の行頭に[記号]を追加できます。

記号や番号を変更するには、オプションボタンをクリックして❸、プルダウンメニューから任意の番号を選びます。

記号と文字との間隔など、より詳細な設定を行いたい場合は、詳細オプションボタン❹をクリックして、[箇条書き]ダイアログを表示して行います。

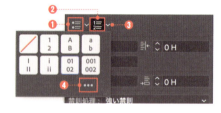

テキストの種類	テキストの種類
ポイント文字	1. ポイント文字
エリア内文字	2. エリア内文字
パス上文字	3. パス上文字

インデント（字下げ）を設定する

段落の一行目の一文字を下げるには、テキストオブジェクトを[選択]ツールで選択するか、[文字]ツールTでテキストオブジェクト内にキャレットを置き、[一行目左インデント]にフォントサイズと同じ値を入力します❶。

情に棹させば流される。にくいと悟った時、詩がみにくい。意地を通せ

元のテキスト[フォントサイズ：15H]

情に棹させば流されみにくいと悟った時、詩住みにくい。意地を通せ

[一行目左インデント：－15H]

202

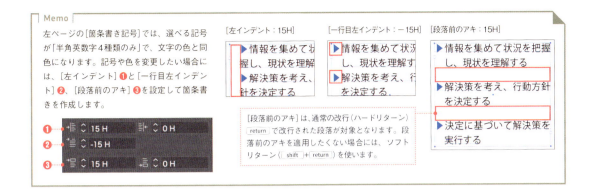

[文字組み]を設定する

禁則処理を設定することで、**行頭や行末に禁則文字が配置されないようにすることができます**。禁則文字には、「**行頭禁則文字**」と「**行末禁則文字**」があります。一般的には、句読点や閉じ括弧などは行頭禁則文字となり、開き括弧は行末禁則文字となります。

[禁則処理]は[選択]ツールでテキストオブジェクトを選択するか、[文字]ツールでテキストエリアの段落内にキャレットを置いて、[禁則処理]プルダウンメニューから禁則処理を選択します。

[禁則処理]プルダウンメニューの設定項目

項　目	内　容
なし	禁則処理を一切行わない。
強い禁則	「行頭禁則文字」「行末禁則文字」「ぶら下がり文字」「分離禁止文字」として登録されている禁則文字（全93文字）が禁則処理の対象になる。
弱い禁則	強い禁則に含まれる文字の中から、長母音記号「ー」や、小さいひらがな「ょ」やカタカナ「ッ」などに対する禁則処理を省く。全部で43文字が禁則文字として設定されている。
禁則設定	[禁則処理設定]ダイアログを表示して、禁則文字をカスタマイズできる。

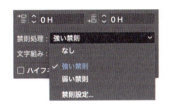

[文字組み]を設定する

[文字組み]機能を使用すると、日本語のテキストで使用する「括弧」や「句読点」「行頭や行末文字」「欧文や英数字の前後」や約物などの間隔を設定できます。[文字組み]はテキストエリア全体、または段落単位で設定できます。

[選択]ツールでテキストオブジェクトを選択するか、[文字]ツールでテキストエリアの段落内にキャレットを置き、[文字組み]プルダウンメニューから、文字組み方法のプリセットを選択します❶。

なお初期設定では[**行末約物半角**]に設定されています。

プリセットごとにアキ量の設定が異なります。

[なし]　「強い禁則」は93文字が設定されています。

[約物半角]　「強い禁則」は 93 文字が設定されています。

[約物全角]　「強い禁則」は 93 文字が設定されています。

Lesson 9-8 1つのテキストエリアに段組みを設定する

Sample_Data / 9-8 /

［エリア内文字オプション］ダイアログでは、1つのエリア内文字のテキストエリア内に段組みを設定したり、テキストエリアと文字の距離を調整できます。

［エリア内文字オプション］を設定する

［エリア内文字オプション］を設定すると、手軽に段組みのテキストエリアを作成できます。

01 ［選択］ツールでエリア内文字のテキストオブジェクトを選択して❶、メニューから［書式］→［エリア内文字オプション］を選択して、［エリア内文字オプション］ダイアログを表示します。

02 ［プレビュー］にチェックをつけて、各項目を設定します❷。
［幅］／［高さ］❸では、テキストエリアのサイズを指定します。はじめは元のテキストエリアのサイズが表示されます。
［行］／［列］❹では、段組みの縦横の数と、段組みの間隔を指定します。［固定］にチェックを付けると、段組みのサイズが優先されて、テキストエリアのサイズが変形します。
［オフセット］では、テキストエリア内のテキストの位置を指定します。
［外枠からの間隔］❺では、テキストエリアの枠とテキストとの間隔を設定します。
［1列目のベースライン］❻では、和文書体を組む場合は、［仮想ボディの高さ］を選ぶとよいでしょう。
［最小］❼では、ベースラインオフセットの間隔を指定します。
［テキストの配置］❽では、テキストエリア内でのテキストの配置を［上揃え］、［中央揃え］、［下揃え］、［均等配置］から設定します。ここでは［上揃え］を指定します。
［オプション］❾では、縦横に段組みを作成した際にテキストの流れる方向を設定します。
ここでは、［列］セクションで［段数：2］［間隔：6.5mm］に設定しました。

03 テキストエリアが2段組みになりました。
なお、元に戻す場合は、同様の手順で、［列］セクションで［段数：1］に設定します。

204

Lesson 9-9 複数のテキストエリアをつなげるスレッドテキスト

Sample_Data/9-9/

複数のテキストエリアをつなげて、ひと続きのテキストエリアとして扱うには、［スレッドテキスト］を適用します。

スレッドテキストを作成する

スレッドテキストを作成するには、パスオブジェクトに［スレッドテキスト］を適用してテキストエリアに変換します。

なお、パス上文字でも同様に操作できます。

01 ［長方形］ツール でテキストエリアに変換する複数のオブジェクトを作成します❶。
なお、最背面に配置されているオブジェクトから順番にテキストが流し込まれるので、作成する順番にも注意してください（順番は［重ね順］を入れ替えることで変更可能です）。

02 ［選択］ツール ですべてのオブジェクトを選択して、メニューから［書式］→［スレッドテキストオプション］→［作成］を選択します❷。
すると、オブジェクトがテキストエリアに変換されて、各テキストエリアがリンクされます❸。

03 ［文字］ツール を選択して、テキストエリアに文字を入力します。1つのテキストエリアから溢れたテキスト（オーバーセットテキスト）が、次のテキストエリアへと順に流れます❹。

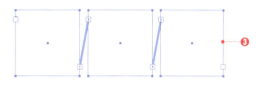

04 ［スレッドテキスト］のリンクを解除するには、メニューから［書式］→［スレッドテキストオプション］→［スレッドのリンクを解除］を選択します。すると、各テキストエリアのリンクはすべて解除され、テキストはそのまま残ります❺。

> **Memo**
> 個別に解除するには、［選択］ツール でテキストオブジェクトを選択して、メニューから［書式］→［スレッドテキストオプション］→［選択部分をスレッドから除外］を選択します。すると、リンクが解除されテキストは次のテキストエリアに配置されます。
> なお［スレッド入力ポイント］または［スレッド出力ポイント］をダブルクリックして解除することができます。

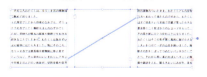

> **Memo**
> ［スレッドテキスト］のリンクを示すガイドラインが表示されていない場合は、メニューから［表示］→［テキストのスレッドを表示］を選択します。

Lesson 9 ｜ 文字操作と段落設定

205

Lesson 9-10 テキストの回り込みを設定する

Sample_Data / 9-10 /

パスオブジェクトやビットマップ画像にテキストを回り込ませるには、オブジェクトに [テキストの回り込み] を適用します。

テキストの回り込みを設定する

パスオブジェクトやビットマップ画像に [テキストの回り込み] を適用すると、オブジェクトの周りにテキストを回り込ませることができます。

その他にもグループオブジェクト、テキストオブジェクトなどにも、[テキストの回り込み] を適用できます。

なお、ビットマップ画像の場合、不透明な箇所に対して回り込みが行われるため、完全に透明なピクセルは無視されます。

また、ポイント文字に対して回り込みを設定することはできません。

01 エリア内文字のテキストオブジェクトの上に、回り込ませるオブジェクトを配置します❶。
なお、配置するオブジェクトは、エリア内文字と同じレイヤー上に作成してください。

02 [選択] ツール で前面に配置したオブジェクトを選択して、メニューから [オブジェクト] → [テキストの回り込み] → [作成] を選択します❷。
なお、解除したい場合は [解除] を選択します。

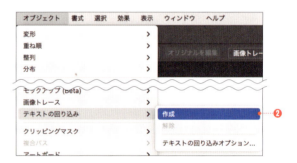

03 すると配置したオブジェクトの周りに、テキストが回り込みます❸。
なお、回り込みを解除するには、対象のオブジェクトを選択し、メニューから [オブジェクト] → [テキストの回り込み] → [解除] を選択します。

04 テキストオブジェクトとの間隔を調整するには、[選択] ツール で前面に配置したオブジェクトを選択して、メニューから [オブジェクト] → [テキストの回り込み] → [テキストの回り込みオプション] を選択して、[テキストの回り込みオプション] ダイアログを表示します。
[オフセット] にテキストとオブジェクトの間隔を入力して、[OK] ボタンをクリックします❹。
オブジェクトの周囲には、回り込みの間隔を示すガイドラインが表示されます。

Lesson 9-11 縦組みと横組みを切り替える

Sample_Data/9-11/

テキストオブジェクトの組み方向は、メニューから[書式]→[組み方向]から、[横組み][縦組み]を選択して変更することができます。

組み方向を切り替える

メニューから組み方向を選んで切り替えることができますが、[横組み]から[縦組み]に切り替えると、半角英数字などの欧文文字は、横向きになってしまうので、適宜調整する必要があります。

01 ここでは、右のポイント文字の横組みのテキストオブジェクトを縦組みに変更します。
[選択]ツール でテキストオブジェクトを選択して❶、メニューから[書式]→[組み方向]→[縦組み]を選択します❷。
これでテキストが縦組みに切り替わります❸。
なお、初期設定では、縦組みにしても半角英数字は横向きに表示されます。

02 横向きの半角英数字を縦向きに変更するには、[選択]ツール でテキストオブジェクトを選択して、[文字]パネルのパネルメニューから[縦組み中の欧文回転]を選択します❹。
これで横向きの半角英数字が縦向きになります❺。

03 数字や記号を部分的に横組みにするには、[文字]ツール で文字を選択して❻、[文字]パネルのパネルメニューから[縦中横]を選択します❼。
これで選択した文字だけが横組みになります❽。
最後に文字の字間を詰めて、サイズを整えます。

> **Memo**
> [文字]パネルのパネルメニューから[縦中横設定]を選択して、[縦中横設定]ダイアログを表示すると、縦中横の文字位置を細かく設定できます。

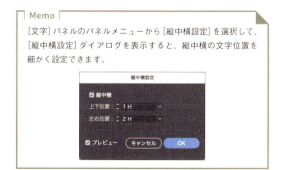

さまざまな特殊文字を入力する

［字形］パネルや［OpenType］パネルを使用すると、さまざまな特殊文字を入力することができます。また、Illustratorでは太さや幅などを調整できるフォントや、カラー絵文字などを扱うことができます。

Sample_Data / 9-12 /

異体字を入力する

人名などの旧字体や異体字を入力するには、［字形］パネルを使用します。

ここでは、辺のしんにょうの点が2つで、「自」ではなく「白」の「邊」に変換します。

01 ［文字］ツール T で文字を入力後に、異体字に変換したい文字をドラッグして選択します❶。
すると選択した文字の右下に、その文字の異体字がコンテキスト表示されます。
目的の文字がある場合は、クリックすると直ちに変換されます。目的の文字が表示されてない場合は、右端の［>］をクリックします❷。

02 ［字形］パネルが表示されるので、［表示］プルダウンメニューから［現在の選択文字の異体字］が選択されていることを確認し❸、［ズームイン］ボタンをクリックして表示を拡大します❹。目的の異体字を見つけたらダブルクリックします❺。
これで選択中の文字を異体字に置き換えることができます❻。

Memo
［字形］パネルの［表示］プルダウンメニューを変更することで、異体字以外にもさまざまな特殊文字を入力することができます。
入力するには、テキスト入力中に、文字をダブルクリックします。

［表示：任意の合字］

［表示：修飾字形］

［表示：旧字体］

［OpenType］パネルで合字（ごうじ）に変換する

上記の［字形］パネルを使用する方法ではなく、［OpenType］パネルから素早く変換できます。頻繁に使う文字は覚えておくと良いでしょう。

01 メニューから［ウィンドウ］→［書式］→［OpenType］を選択して表示します。
［選択］ツール ▶ でOpenTypeフォントを使用しているテキストオブジェクトを選択するか、または［文字］ツール T で任意の文字列を選択して、［任意の合字］ボタン❶を押します。

Memo
上記は、使用しているOpenTypeフォントに、合字の字形が収録されている場合にのみ変換されます。使用したい字形があるかどうか［字形］パネルで［任意の合字］を選択して、確認してみましょう。

OpenTypeの機能を活用する（欧文書体）

欧文書体でも、合字（ごうじ）や異体字などのさまざまな字形を設定することができます。

［選択］ツール ▶ でOpenTypeフォントを使用しているテキストオブジェクトを選択するか、または［文字］ツール T で任意の文字列を選択して、［OpenType］パネルの各種ボタンをクリックします❶。OpenTypeフォントに収録されている字形のみ適用できます。録されている字形は、［字形］パネルの［表示］プルダウンメニューから確認します。

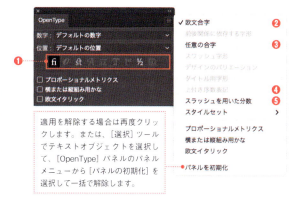

❷［欧文合字］：「fi」、「fl」、「Th」などの特定の組み合わせの場合、「合字」が適用されます。

❸［デザインのバリエーション］：単語末尾や特定の文字のみにポイントとして使用すると効果的です。

❹［上付き序数表記］

❺［スラッシュを用いた分数］

バリアブルフォントの機能

フォントリストから「バリアブルフォント」を選ぶと❶、［文字］パネルに［バリアブルフォント］ボタンが表示されます❷。

クリックするとプルダウンメニューが表示されます❸。スライダーの操作で［太さ］や［字幅］［傾斜角］などを自由に調整できます❹。

設定項目は、フォントによって異なります。

OpenType SVGフォントを入力する

フォントリストから「OpenType SVGフォント」を選ぶと❶、色付きのフォントや絵文字フォントを使用できます。なお、絵文字フォントの入力は、［字形］パネルからダブルクリックして入力します。

フォント：EmojiOne

フォント：Trajan Color

Lesson 9-13 ドキュメント内の文字の検索・置換

Sample_Data/9-13/

［検索と置換］ダイアログを使うと、ドキュメント内のテキストオブジェクトから特定の文字を検索したり、一括で別の文字に置換したりできます。

特定の文字を検索・置換する

ドキュメント内のテキストオブジェクトのなかから特定の文字を検索、または置換するには、次の手順を実行します。

01 メニューから［編集］→［検索と置換］を選択して❶、［検索と置換］ダイアログを表示します。

02 検索する文字を［検索文字列］❷に入力します。文字を置換する場合は、置換する文字を［置換文字列］❸に入力します。
［検索］ボタンをクリックすると❹、ドキュメント内から［検索文字列］に入力した文字列が検索されて、反転表示されます❺。

03 続けて次の文字列を検索するには、［次を検索］ボタン❻をクリックします。
検索した文字列を、［置換文字列］に入力した文字に置換する場合は、［置換］ボタン❼をクリックします。

04 ［すべてを置換］ボタン❽をクリックすると、［検索文字列］に入力した文字列が一括で置換されます。
検索・置換の作業が終わったら、［完了］ボタン❾をクリックします。

05 ［すべてを置換］を実行すると、作業終了後に置換した文字列の数を知らせるダイアログが表示されます❿。

> **Memo**
> 各項目にチェックをつけて条件を指定することで、非表示のレイヤーやロックされたレイヤーなどを検索の対象に含めることができます⓫。

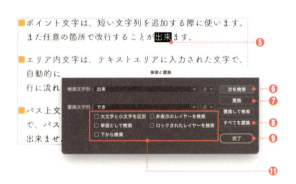

ドキュメント内のフォントの検索・置換

Sample_Data/9-14/

[フォントの検索と置換] ダイアログを使うと、ドキュメント内で使用しているフォントを確認したり、特定のフォントを別のフォントに置き換えることができます。

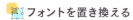

フォントを置き換える

テキストオブジェクトのフォントを検索、または置換するには、次の手順を実行します。

01 メニューから [書式] → [フォントの検索と置換] を選択して、[フォントの検索と置換] ダイアログを表示します。

02 [ドキュメントのフォント] にはドキュメント内で現在使用しているフォントの一覧が表示されます❶。一覧のなかからフォント名をクリックすると、ドキュメント内でそのフォントを使用している箇所が反転表示され、選択された状態になります❷。[検索] ボタンをクリックすると、そのフォントを使用している別の箇所を検索します❸。

03 [置換するフォント:システム] を選択して❹、システムにインストールされているフォントを [置換するフォント] リストに追加します。
選択中のフォントを置き換える別のフォントを [置換するフォント] の中から選択して❺、[置換] ボタンをクリックします❻。これで選択していた文字列のフォントが置き換えられます❼。
[すべてを置換] をクリックすると❽、すべての対象箇所を一括で置き換えることができます。
フォントの検索・置換の作業が終わったら [完了] ボタンをクリックします。

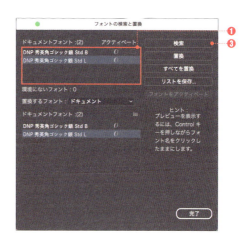

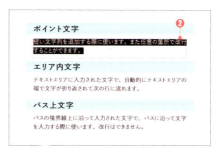

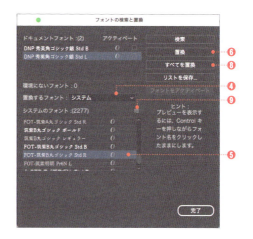

Memo
[置換するフォント:システム] を選びフォントをリストに追加の際、追加するフォントの種類を選ぶことができます❾。

9-15 文字をパスに変換する

文字をアウトライン化して、テキストオブジェクトをパスオブジェクトに変換すれば、文字形状のパスのアンカーやハンドルを操作して変形ができます。

Sample_Data / 9-15 /

文字のアウトラインを作成する

アウトライン化を行えば、パスの編集やグラデーションの適用、[効果]の適用など、さまざまな加工をできます。

アウトライン化は選択したテキストオブジェクト全体に対して行われ、文字列内の任意の文字だけを個別に変換することはできません。

また、一度アウトライン化すると、文字としての情報が失われるため、[文字]パネルで文字として編集できなくなるので注意してください。

商用印刷のデータ入稿時に、文字のアウトライン化が必要な場合があります。

01 [選択]ツール でテキストオブジェクトを選択して❶、メニューから[書式]→[アウトラインを作成]を選択します❷。

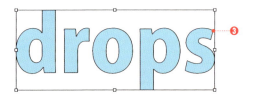

02 文字がパスオブジェクトに変換されます❸。
文字は1文字ごとに複合パスになっていて、変換前のテキストオブジェクト単位でグループ化されます。
メニューから[編集]→[グループを解除]するか、または編集モードに切り替えて、各文字の形状のパスを個別に移動や、拡大・縮小などの変形操作を行います❹。

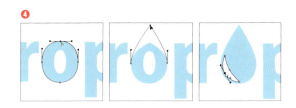

```
Short cut
アウトラインを作成
Mac: ⌘ + shift + O
Win: Ctrl + shift + O
```

Memo
[アピアランス]パネルを操作すれば、テキストオブジェクトのままでも、文字にグラデーションやパターンを適用できますが、この方法ではテキストオブジェクト全体に操作内容が適用されるため、個別に細かい設定や変形はできません。

Lesson 9-16 グラフィックスタイルで文字を装飾する

Sample_Data/9-16/

テキストオブジェクトに[グラフィックスタイル]を適用すると、複雑な装飾を1クリックで手軽に設定できます。また、適用したグラフィックスタイルは後から[アピアランス]パネルで細かく調整することもできます。

グラフィックスタイルとは

グラフィックスタイルとは[グラフィックスタイル]パネルに、[塗り]や[線]、[効果]などの設定をひとまとまりのセットとして登録したものです。

[グラフィックスタイル]は、外観のみに作用します。パスそのものを変形しないので、適用後もフォントの種類やサイズを変更したり、文字の入力内容を編集することができます。

01 メニューから[ウィンドウ]→[グラフィックスタイルライブラリ]→[文字効果]を選択するか、または[グラフィックスタイル]パネル左下の[グラフィックスタイルライブラリメニュー]ボタンをクリックして、[文字効果]パネルを表示します。
[選択]ツール▶でテキストオブジェクトを選択して❶、適用するグラフィックスタイルを選択します❷。
グラフィックスタイルがテキストオブジェクトに適用されます❸。

02 [アピアランス]パネルで編集を行えば、[塗り]の色や変形度合いを細かく調整することもできます❹。

03 スタイルを登録したいオブジェクトを[選択]ツール▶で選択して、[グラフィックスタイル]パネルの[新規グラフィックスタイル]ボタンをクリックして登録することができます❺。

> **Memo**
> [グラフィックスタイルライブラリ]内には、さまざまなライブラリが用意されているので、その効果を確認してみましょう。

Lesson 9-17 合成フォントを作成する

Sample_Data/9-17/

Illustratorに用意されている［合成フォント］機能を使用すると、任意の日本語フォントと欧文フォントを合成して（組み合わせて）、オリジナルのフォントセットを作成できます。

合成フォントの作成

好みの日本語フォントと欧文フォントを自由に組み合わせて、合成フォントを作成するには、次の手順を実行します。

01 メニューから［書式］→［合成フォント］を選択して、［合成フォント］ダイアログを表示し、［新規］ボタンをクリックします❶。

> **Memo**
> ［書式］メニュー内に［合成フォント］が表示されていない場合は、［設定］ダイアログの［テキスト］カテゴリ内にある［東アジア言語のオプションを表示］にチェックをつけてください（→p.245）。

02 ［名前］に任意の文字を入力して❷（これが作成する合成フォントのフォント名になります）、［OK］ボタンをクリックします。

03 ［サンプルを表示］をクリックして❸、各［ガイドライン］ボタンを有効にします❹。これで、作成するフォントの状態を確認しながら作業を進められます。

04 最初に、6種類ある［文字のカテゴリ］のなかから作業対象をクリックしたうえで❺、［フォント属性］を設定していきます❻。
すべてのフォントの設定が完了したら［保存］ボタンをクリックして❼、［OK］ボタンをクリックします❽。
これで、オリジナルのフォントセットを作成できました。

> **Memo**
> `shift` を押しながら複数の項目を選択すると、一括で設定を変更できます。

既存の合成フォントが存在する場合は、［元とするセット］を選択することで、作成する合成フォントのベースに指定できます。

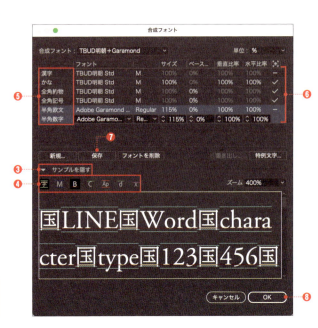

Lesson 9-18 ［文字タッチ］ツールで文字を自由に変形する

Sample_Data / 9-18 /

［文字タッチ］ツール は を使用すると、文字をアウトライン化しなくても、インラインのまま直感的な操作で個々の文字を個別に変形できます。

［文字タッチ］ツールの機能

［文字］ツール は、直感的な操作で文字を変形できるツールです。一連の文字を個別のオブジェクトに変換することなく、インラインのまま拡大・縮小、回転、移動ができます。また、タッチデバイスに対応しています。

01 テキストオブジェクトを用意して❶、ツールバーから［文字タッチ］ツール を選択します❷。

02 マウスポインターの形状が［文字タッチ］ツール に変わるので、変形する文字をクリックして選択します。
変形したい文字をクリックして選択すると、文字の周りにハンドルが表示されます❸。
上部中央のハンドルを弧を描くようにドラッグして、文字を回転できます❹。

03 右上のハンドルをドラッグすると、縦横比を保持しながら拡大・縮小できます❺。
また、左上と右下のハンドルをドラッグすると、縦横比を保持せずに拡大・縮小できます。
ハンドルの内側（文字）をドラッグすると、文字の位置を自由に移動できます❻。
なお、文字の順番を入れ替えることはできません。

> **Memo**
> 拡大・縮小時に基準となる文字揃えは、［文字］パネルのパネルメニューにある［文字揃え］から設定できます。

04 特定の文字のみ色を変更するには、［文字タッチ］ツール で文字を選択してから、［スウォッチ］パネルや［カラー］パネルで任意の色を適用します❼。

［文字］パネルのパネルメニューから、［文字タッチツールを表示］を選択すると、［文字］パネルに［文字タッチツール］ボタンを表示することができます。

［スウォッチ］パネルや［カラー］パネルの使い方については、p.129、およびp.130を参照してください。

Lesson 9-19 制御文字を表示する

Sample_Data/9-19/

初期状態では表示されない「改行」や「スペース」「タブ」などの制御文字を表示するには、メニューから［書式］→［制御文字を表示］を選択します。

制御文字とは

制御文字とは、改行や全角スペース、半角スペース、タブなどを表す特殊な文字です。これらは初期状態では表示されないのですが、確認したい場合はすぐに表示できます。

右図のアートワークは通常の状態のものです。このように、制御文字は何も表示されていません❶。

01 制御文字を表示するには、メニューから［書式］→［制御文字を表示］を選択します❷。

02 すると、メニューの左端にチェックがついて❸、制御文字が表示されます❹。Illustratorでは次の制御文字を表示できます。

- ▶ 改行
- ▶ タブ
- ▶ 全角スペース
- ▶ 半角スペース
- ▶ テキストの終わり

Memo
制御文字は、表示状態であっても印刷はされません。また、別のファイル形式に書き出した場合も表示されません。

03 表示されている制御文字を非表示にするには、再度、メニューから［書式］→［制御文字を表示］を選択して、メニュー左端のチェックを外します。

Short cut
制御文字の表示・非表示
Mac: ⌘ + option + I　Win: Ctrl + Alt + I

Lesson 10
Exercise Lessons.

総合演習

手を動かして学ぶ、実践的なデザイン制作の実習

本章では、これまでのまとめとして実践的な制作実習を行います。実際に手を動かしながら読み進めることで、Illustratorの機能単体の使い方だけでなく、機能の組み合わせ方や実際の利用例などを確認できます。

Sample_Data/10-1/

ペンローズの三角形を描く

不可能図形として有名な「ペンローズの三角形」を描きます。一見すると難しそうに見えますが、ガイドに沿って描画を行えば、図形の構造を理解しながら簡単に描くことができます。

ガイドを作成する

オブジェクトを描画するためのガイドを作成します。次の手順を実行します。

01 ツールバーから、[直線]ツール ／ を選択して❶、アートボード上をクリックし、[直線ツールオプション]ダイアログを表示します。
[長さ:120mm][角度:90°]に設定して❷、[OK]ボタンをクリックして、直線を描きます❸。

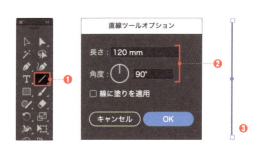

02 ツールバーの[選択]ツール ▶ のアイコンをダブルクリックして、[移動]ダイアログを表示します。
[水平方向:10mm]に設定して❹、[コピー]ボタンを押して❺、オブジェクトを複製します。続けて[変形の繰り返し]のショートカットである、⌘([Ctrl])+Dを7回入力して、トータルで9本の直線を描きます❻。

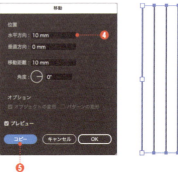
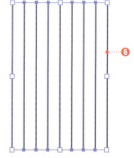

03 [選択]ツール ▶ ですべてのオブジェクトを選択した状態で、ツールバーの[回転]ツール ↻ のアイコンをダブルクリックして❼、[回転]ダイアログを表示します。
[角度:120°]に設定して❽、[コピー]ボタンを押して❾、オブジェクトを複製します。続けて変形の繰り返し]のショートカットである、⌘([Ctrl])+Dを1回入力します。オブジェクトが図のような形状に並びます❿。

04 [選択]ツール▶ですべてのオブジェクトを選択して、メニューから[表示]→[ガイド]→[ガイドを作成]を押して⓫、ガイドに変換します⓬。

図形を描画する

作成したガイドに沿ってオブジェクトを描画していきます。次の手順を実行します。

01 ツールバーから[ペン]ツール✐を選択して❶、ガイドライン上をクリックして右図のような形状のオブジェクトを描きます❷。

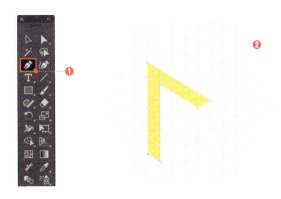

02 [グラデーション]パネルで、グラデーションボックスをクリックして❸、グラデーションを適用して❹、次の値を設定します。

- [種類：線形]
- [角度：-150°]
- [分岐点：10%][C=35 M=45 Y=100 K=30]
- [中間点：50%]
- [分岐点：50%][C=0 M=10 Y=45 K=0]
- [中間点：50%]
- [分岐点：100%][C=25 M=30 Y=80 K=10]

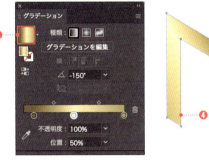

03 [選択]ツール▶でオブジェクトを選択した状態で、ツールバーの[回転]ツール⟳のアイコンをダブルクリックして、[回転]ダイアログを表示します。
[角度：120°]に設定して❺、[コピー]ボタンを押して❻、オブジェクトを複製します。続けて変形の繰り返し]のショートカットである、⌘([Ctrl])+Dを1回入力します。オブジェクトが図のような形状に並びます❼。

04 図のように配置し直せば完成です❽。

抽象的な曲線の
バックグラウンドイメージをつくる

Sample_Data / 10-2 /

［ブレンド］ツール でブレンドオブジェクトを作成して、抽象的な曲線のオブジェクトを作成します。

ブレンドオブジェクトを作成する

01 ツールバーから［曲線］ツール を選択して❶、アートボード上をクリックして、任意の曲線のパスを4つ描き❷、次のように設定します。

- ［塗り：なし］
- ［線：黒］
- ［線幅：0.25pt］

02 ツールバーの［ブレンド］ツール のアイコンをダブルクリックして❸、［ブレンドオプション］ダイアログを表示します。
次のように設定して［OK］ボタンをクリックます❹。

- ［間隔：ステップ数　50］
- ［方向：垂直方向］

03 step1で描画したパスオブジェクトを［ブレンド］ツール で1つずつクリックしてブレンドオブジェクトを作成します❺。

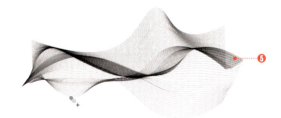

04 メニューから［ウィンドウ］→［スウォッチライブラリ］→［グラデーション］→［スペクトル］を選択して、［スペクトルスウォッチ］パネルを表示します。
ここでは［スペクトル（中間）］をクリックして❻、選択中のブレンドオブジェクトの［線］に適用します❼。

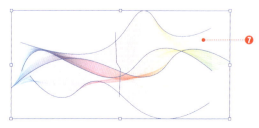

ブレンドオブジェクトの形状を編集する

01 ツールバーから[ダイレクト選択]ツール▶を選択して❶、ブレンドオブジェクトを構成するパスの境界線上を option （ Alt ）キーを押して[グループ選択]ツール▶に切り替えてクリックします❷。
そうすると1つのパスのみを選択することができるので、ドラッグして移動し形状を整えます。

02 [ダイレクト選択]ツール▶でパスのアンカーポイントをクリックして、ハンドル操作およびアンカーポイントを移動して形状を整えます❸。
[グループ選択]ツール▶でブレンド軸をクリックして選択して[delete]（ Back space ）を押して削除します❹。

03 左下から右肩上がりになるように変形したいので、ツールバーから[回転]ツールを選択し❺、ブレンドオブジェクトを回転します❻。
続けてツールバーから[パペットワープ]ツールを選択して❼、クリックしてピンを追加し、ドラッグして変形します❽。

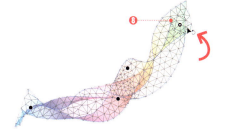

04 形状を整えたら、ブレンドオブジェクトの背面に背景を配置して、背景のサイズのクリッピングマスクを作成してブレンドオブジェクトのはみ出している部分を隠して完成です❾。

Blend object

Lesson 10-3 ヴィンテージ風のラベルをつくる

Sample_Data/10-3/

さまざまな操作と機能を組み合わせて、ヴィンテージ風のラベルをつくります。

ベースの作成

01 あらかじめ [スウォッチ] パネルに以下の設定値のカラースウォッチを登録しておきます❶。

- カーキ [C=40 M=45 Y=50 K=5]
- ダークグレー [C=75 M=70 Y=65 K=30]

02 ツールバーから [楕円形] ツール を選択して❷、アートボード上をクリックし、[楕円形] ダイアログを表示します。
[幅：150mm] [高さ：150mm] に設定して、[OK] ボタンをクリックして正円を描きます❸。

03 正円を選択して、[スウォッチ] パネルで以下の色に設定します❹。

- [塗り：ダークグレー]、[線：カーキ]
- [線幅：2mm]

続けて、⌘＋C（Ctrl＋C）で、パスオブジェクトをコピーし、直ちに⌘＋F（Ctrl＋F）を入力して前面へペーストします。
ブラウンの正円が2つ重なった状態ですが、見た目には変化はありません。

04 [選択] ツール 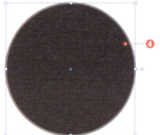 で前面のオブジェクトを選択して❺、[変形] パネルを表示して、[縦横比を固定] をオンにし❻、[基準点] を中央に設定し❼、[W：135mm] [H：135mm] に変形します❽。
続けて [スウォッチ] パネルと [線] パネルで [塗り] と [線] を以下に設定します。

- [塗り：なし]、[線：カーキ]
- [線幅：1.5mm]

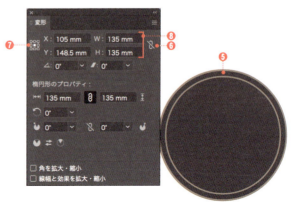

222

| 05 | 前面のオブジェクトを選択して、先のstepと同様の手順で3つ複製して、合計4つにします。以下に設定します。

外側から順番に
- ［W、H：150mm］、［線幅：2mm］
- ［W、H：135mm］、［線幅：1.5mm］
- ［W、H：118mm］、［線幅：0.5mm］
- ［W、H：110mm］、［線幅：0.5mm］

| 06 | 外側から2番目のオブジェクトを選択して ⑨、［線］パネルで［線端：丸型線端］を選択して ⑩、［破線］にチェックをつけ ⑪、以下の値に設定します。

- ［先端に合わせて整列］⑫
- ［線分：0mm］⑬
- ［間隔：4mm］⑭

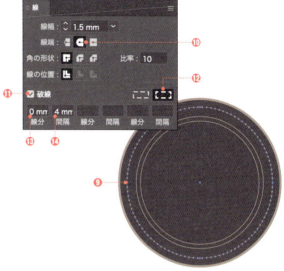

| 07 | 再背面のダークグレーの正円を［選択］ツールで選択して ⑮、メニューから［効果］→［パスの変形］→［ジグザグ］を選択て、［ジグザグ］ダイアログを表示します。
以下に設定して［OK］ボタンをクリックします ⑯。

- ［大きさ：2.5mm］
- ［入力値］
- ［折り返し：5］
- ［滑らかに］

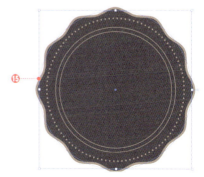

文字を配置と装飾

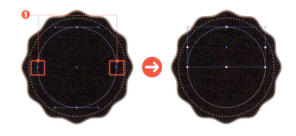

01 ［ダイレクト選択］ツール で、一番内側のパスオブジェクトの左右のアンカーポイントをshiftを押しながらクリックして選択して❶、［コントロール］パネルおよび［プロパティ］パネルに表示される［選択したアンカーポイントでパスをカット］をクリックして、正円を上下二つの楕円形にします。

> **Memo**
> ここでは、編集内容を見やすくするために、外側から3番目のパスオブジェクトを［選択］ツール で選択して、メニューから［オブジェクト］→［隠す］→［選択］を選択して、オブジェクトを一時的に隠しています。再度表示するには、メニューから［オブジェクト］→［すべてを表示］を選択します。

02 パス上文字を作成します。
ツールバーから［文字］ツール を選択して、円弧のパスオブジェクトのパスの境界線をクリックし、パス上文字のテキストオブジェクトに変換して、テキストを入力します。
ブラケットを操作して配置を整えて❸、［文字］パネルと［段落］パネルで各種設定を行います。
テキストオブジェクトの詳しい設定値はダウンロードデータで確認してください。

- ［フォント：Alternate Gothic No3 D］
- ［フォントサイズ：46Q］
- ［トラッキング：250］
- ［文字揃え：中央揃え］

下の円弧にも同様にパス上文字を作成します❹。なお、使用フォントはAdobe Fontsから追加できます。

03 ［文字］ツール でポイント文字を作成して配置します❺。

VINTAGE
- ［フォント：AWConqueror Std Didot］
- ［フォントサイズ：78Q］
- ［トラッキング：50］

EXCLUSIVE、LABEL
- ［フォント：AWConqueror Std Didot］
- ［フォントサイズ：25Q］
- ［トラッキング：150］

次ページの編集内容を見やすくするために、一時的にポイント文字を隠します。

| 04 | 星型のオブジェクトを円の上に配置します。step1で隠していた外側から3番目のパスオブジェクトを表示します。
［ダイレクト選択］ツール で、円の右側のアンカーポイントをクリックして選択して❻、Delete （Back space ）を押して、アンカーポイントを削除します。 |

| 05 | ［スター］ツール で描いた星型のパスオブジェクトを5つ用意し、左半分になった楕円と5つの星型のオブジェクトを［選択］ツール で、選択した状態で❼、ツールバーから［パス上オブジェクト］ツール を選択します❽。すると、選択中のオブジェクトがハイライト表示されるので、半円のパスオブジェクトをクリックします❾。 |

| 06 | 半円のパス上に、5つの星が均等に配置されます❿。配置できたら［線：なし］に設定します。［スペース］ハンドルをドラッグして、間隔を狭めて調整し⓫、［すべて移動］ハンドルをドラッグしてテキストと重ならないように配置します⓬。
配置したら反転コピーして右側にも配置します。 |

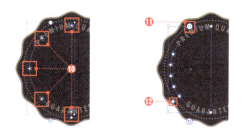

| 07 | 装装飾フォントを使用して飾りを配置します。［文字］ツール でアートボードをクリックして、キャレットが点滅している状態で、［字形］パネルを表示し、［フォント］メニューからフォントを選びます⓭。

▶ ［フォント：Beloved Ornaments］

使用する飾りをダブルクリックして、入力します⓮。 |

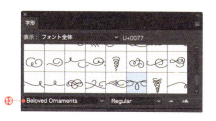

| 08 | 装飾フォントを［選択］ツール で選択して、メニューから［書式］→［アウトラインを作成］を選択して、テキストオブジェクトをパスオブジェクトに変換します⓯。
グループ化されているので、メニューから［オブジェクト］→［グループ解除］を選択してグループを解除して、バランスを取り配置して完成です。 |

Lesson 10-4 レトロな文字をつくる

Sample_Data / 10-4 /

[アピアランス] パネルで [塗り] と [線]、[効果] を組み合わせて、テキストオブジェクトに立体感加え、レトロな表現を行います。テキストは非破壊変形なので文字の入力内容を編集できます。

📝 文字入力と[塗り]を設定する

01 あらかじめ [スウォッチ] パネルに以下の設定値のカラースウォッチを登録しておきます❶。また、ここでは環境設定ダイアログで、すべての単位を [ポイント] に設定します。

- ▶ イエロー [C=7 M=21 Y=56 K=0]
- ▶ ダークブルー [C=80 M=72 Y=46 K=7]
- ▶ スカイブルー1 [C=32 M=4 Y=16 K=0]
- ▶ スカイブルー2 [C=26 M=3 Y=12 K=0]

02 ツールバーから [文字] ツール T を選択して❷、ポイント文字のテキストオブジェクトを作成します。
[文字] パネルで、フォントとフォントサイズを設定します。ここでは [Adobe Garamond Pro Bold] [フォントサイズ：100pt] に設定します❸。

03 [選択] ツール ▶ でテキストオブジェクトを選択して❹、ツールバーの [塗り] カラーボックスを上にし、[なし] ボックスをクリックして❺、[塗り：なし] に設定します。

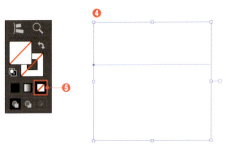

04 続けて、メニューから [ウィンドウ] → [アピアランス] を選択して、[アピアランス] パネルを表示します。[アピアランス] パネルは❻のように表示されます。

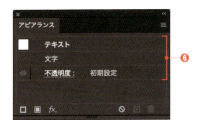

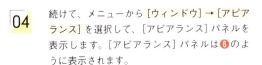

|05| ［アピアランス］パネル下部の左から二番目の［新規塗りを追加］❼をリックします。ブラックの［塗り］と［線］が追加されて❽、テキストにも反映されます❾。
なお、以降の［アピアランス］パネルの操作は、［選択］ツール でテキストオブジェクトを選択した状態のまま行います。

|06| ［アピアランス］パネルの［塗り］と［線］の順序をドラッグして入れ替えます❿。

|07| ［塗り］と［線］それぞれの［カラーボックス］をクリックして、［スウォッチ］パネルを表示して⓫、以下のカラースウォッチを適用します⓬。また、［線］をクリックして［線］パネルを表示して⓭、［線幅］と［角の形状］も設定します。

- ［塗り：イエロー］
- ［線：ダークブルー］［線幅：12pt］、
  ［角の形状：ラウンド結合］

|08| ［塗り］と［線］それぞれの設定を行うと⓮、テキストオブジェクトはダークブルーの線で縁取られた袋文字になります⓯。

227

[アピアランス]パネルで効果を設定する

01 ［線］を選択して❶、［アピアランス］パネルの下部の［新規効果を追加］ボタン❷をクリックして（または、メニューから［効果］→［パスの変形］→［変形］［パスの変形］→［変形］を選択して❸、［変形効果］ダイアログを表示します。

02 以下の値に設定して［OK］ボタンをクリックします❹。

移動
- ［水平方向：1pt］
- ［垂直方向：1pt］

コピー
- ［15］

［移動］に指定した値が［コピー］に指定した値の回数繰り返されて、線がテキストの側面の立体感を演出します❺。

03 続けて、［新規効果を追加］ボタンをクリックして、効果メニューから［スタイライズ］→［ドロップシャドウ］を選択して❻、［ドロップシャドウ］ダイアログを表示します。

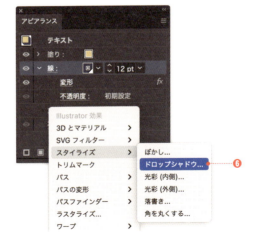

|04| 以下の値に設定して［OK］ボタンをクリックします❼。

- ▶ ［描画モード：乗算］
- ▶ ［不透明度：30％］
- ▶ ［X軸オフセット：0pt］
- ▶ ［Y軸オフセット：10pt］
- ▶ ［ぼかし：5pt］

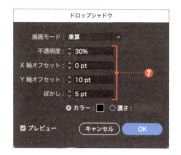

背景を作成

|01| ツールバーからを［直線］ツール　を選択して❶、 shift を押しながらドラッグして任意の長さの直線を描きます❷。
ツールバーの［回転］ツール　のアイコンをダブルクリックして❸、［回転］ダイアログを表示して［角度：15°］に設定し、［コピー］ボタンを押して❹、オブジェクトを回転複製します。続けて、［変形の繰り返し］のショートカットである、⌘（ Ctrl ）＋ D を10回入力します。
オブジェクトが図のような形状に並びます❺。

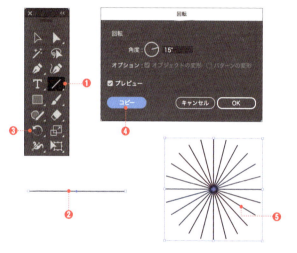

|02| ツールバーからを［長方形］ツール　を選択して❻、 shift を押しながらドラッグして任意のサイズの正方形を描き、回転した線のオブジェクトの上に重ねます❼。
［選択］ツール　ですべてのオブジェクトを選択して、［整列］パネルの［水平方向中央に整列］ボタン❽と［垂直方向中央に整列］ボタン❾をクリックして整列します❿。続けて、［パスファインダー］パネルの［分割］ボタンをクリックして⓫、オブジェクトを分割します⓬。

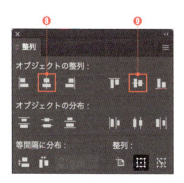

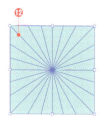

| 03 | 分割オブジェクトを交互に塗り分けた後に、[選択] ツール ▶ でオブジェクトを選択して、メニューから [効果] → [ワープ] → [旋回] を選択して、[ワープオプション] ダイアログを表示して以下に設定します。 |

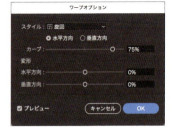

- [水平方向]
- [カーブ：75%]

[旋回] 効果が適用されて渦を巻くように変形します⑬。

字形を変換する

| 01 | ツールバーから [文字] ツール T を選択して、文字をドラッグして選択します❶。
他の字形が収録されている文字は、文字の右下に他の字形がコンテキスト表示されるのでクリックして変換します❷。
表示しきれない場合には、右端に [>] が表示されるのでクリックして [字形] パネルを表示します。
ここでは、単語の先頭の「Th」と「k」の文字を変換しました❸。
文字に動きが出てにぎやかな印象になります。 |

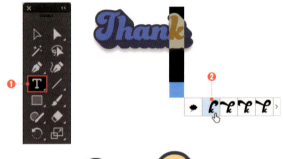

| 02 | 背景の上に配置して、文字を追加してサイズを整えて完成です❹。 |

> **Memo**
> さまざまなアピアランスの設定を行ったオブジェクトを選択して、[グラフィックスタイル] パネルの [新規グラフィックスタイル] ボタンをクリックして❺、設定をグラフィックスタイルとして登録することができます。

> **Memo**
> [アピアランス] パネルで [塗り] と [線] と [効果] を組み合わせて、さまざまな表現が可能です。詳しい設定値はダウンロードデータを確認してください。

Lesson 11
Configuration and Data Output.

環境設定とデータ出力

操作性や作業効率を向上させる環境設定とファイルの書き出し

本章では、操作性や作業効率を格段に向上させる環境設定について詳しく解説します。ちょっとした設定の違いでも、作業効率は大幅に変わります。また、Illustrator以外のソフトウェアでアートワークを利用するための、ファイルの書き出し方法についても解説します。

Lesson 11-1 アートボードのサイズや設定を変更する

Sample_Data/11-1/

アートボードの設定変更は、[アートボード] ツールを選択して、アートボード編集モードに切替えて行います。[コントロール] パネルの各種ボタンや数値指定、または [アートボード] ツールで直感的な操作で行います。

アートボード編集モード

ツールバーから [アートボード] ツール を選択すると❶、アートボードの周りにバウンディングボックスが表示されて、「**アートボード編集モード**」に切り替わります❷。[コントロール] パネルおよび [プロパティ] パネルの各種ボタンから向きやサイズなどを変更できます。

編集が終わったらツールバーから他のツールを選択します。

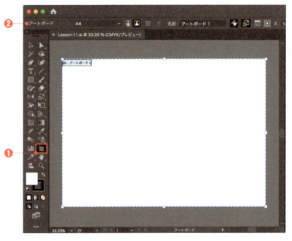

[コントロール] パネルのアートボードに関する設定項目

項目	内容
❸プリセット	あらかじめ登録されているプリセットからサイズを選択できる。
❹縦置き／横置き	各ボタンをクリックすると縦と横の方向が切り替わる。
❺新規アートボード	ボタンをクリックすると、選択中のアートボードと同じサイズの新規アートボードを追加できる。
❻アートボードを削除	選択中のアートボードを削除する。
❼名前	アートボードに任意の名前を設定できる。
❽オブジェクトと一緒に移動またはコピー	クリックしてオンにすると、[アートボード] ツールでアートボードを移動またはコピーする際に、アートボード上のオブジェクトも一緒に、移動またはコピーできる。
❾オブジェクトと一緒に拡大・縮小	クリックしてオンにすると、[アートボード] ツールでアートボードを拡大・縮小する際に、アートボード上のオブジェクトも一緒に拡大・縮小できる。
❿アートボードオプション	選択中のアートボードの [アートボードオプション] ダイアログを表示する。アートボードに [センターマーク] [十字線] [ビデオセーフエリア] などのガイドを表示できる。
⓫基準点	アートボードの基準点を指定する。
⓬座標値・幅と高さ	アートボードの基準点の座標値とサイズが表示される。直接数値を入力して座標値およびサイズを指定できる。
⓭すべて再配置	[すべてのアートボードを再配置] ダイアログを表示する（→p.234）。

[コントロール] パネルと [プロパティ] パネルのアートボードに関する設定項目は同じです。

ドラッグして拡大・縮小する

[アートボード]ツール でアートボードのバウンディングボックスのハンドルをドラッグして拡大・縮小できます。

また、この際に shift を押しながらドラッグすると、縦横比を固定できます。

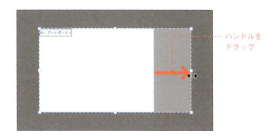

ハンドルをドラッグ

アートボードをオブジェクトにフィットさせる

[アートボード]ツール でオブジェクトをダブルクリックすると❶、アートボードがオブジェクトにフィットして、オブジェクトがちょうど収まるサイズになります。

また、オブジェクトをクリックすると、クリックしたオブジェクトがちょうど収まるサイズの新規アートボードを作成できます。

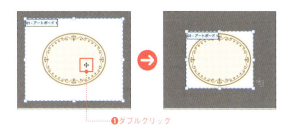

❶ダブルクリック

ドラッグして新規作成する

[アートボード]ツール でカンバス上(アートボードの外側の領域)をドラッグして新規アートボードを作成できます❷。

また左ページに記載の[新規アートボード]ボタンをクリックすると、選択中のアートボードと同じ設定の新規アートボードを追加することができます。

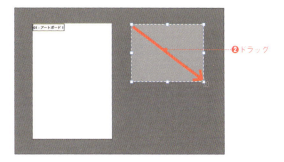

❷ドラッグ

アートボードを複製する

[アートボード]ツール で既存のアートボードを option (Alt)を押しながらドラッグすると❸、アートボードを複製できます。

また、[アートボード]ツールを選択した状態で、⌘+C (Ctrl + C)→⌘+V (Ctrl + V)を押すと、既存のアートボードをコピー&ペーストできます。なお、この操作は異なるドキュメント間でも利用できます。

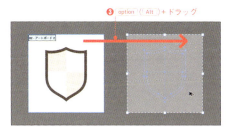

❸ option (Alt)+ ドラッグ

左ページに記載の[オブジェクトと一緒に移動]ボタンをオンにしているとアートボードの複製と一緒にオブジェクトも複製されます。

アートボードを削除する

[アートボード]ツール でアートボードをクリックしてアクティブにし、 Delete (Back space)を押すか、[コントロール]パネルおよび[プロパティ]パネルの[アートボードを削除]ボタンを押します❹。

❹クリック

Lesson 11-2 複数のアートボードの名前や順番、レイアウトを編集する

Sample_Data / 11-2 /

複数のアートボードの管理は、[アートボード] パネルで行います。名前や順番を設定したり、ドキュメント上での並びを再配置して整列できます。

アートボードの名前を変更する

メニューから [ウィンドウ] → [アートボード] を選択して、[アートボード] パネルを表示し、[アートボード] パネルで、カスタム名を設定したいアートボードのアートボード名をダブルクリックして編集します❶

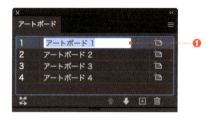

Memo
設定したアートボード名は、データを書き出す際の、ファイル名に反映されます。

[アートボード] ツールで、カスタム名を設定したいアートボードを選択して [コントロール] パネルおよび [プロパティ] パネルの [名前] からも設定できます（→p.232）。

アートボードの順序を入れ替える

[アートボード] パネルの左端の番号は「アートボードの順番」を示しています❷。アートボードの順序を入れ替えるには、[アートボード] パネルでアートボードを選択して❸、[上に移動] ボタンまたは [下に移動] ボタンをクリックして❹、移動します。

Memo
アートボードの順序は複数ページの PDF を作成した際のページ順に反映されます。

アートボードをドラッグ＆ドロップして順序を入れ替えることもできます。

ここも知っておこう！ ▶ アートボードを再配置して整列する

[アートボード] パネルの左下の [すべてのアートボードを再配置] ボタンをクリックして❶、[すべてのアートボードを再配置] ダイアログを表示します。

レイアウトの方法と方向、列の数、間隔、オブジェクトの移動の有無の設定を行い❷、[OK] ボタンをクリックします。すると、アートボードが再配置されて、設定どおりに整列されます。

また、[コントロール] パネルおよび [プロパティ] パネルの [すべて再配置] ボタンからも同様の操作を行えます。

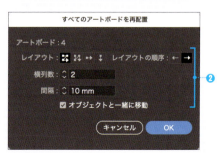

上記とは別で個別に [アートボード] ツールで shift を押しながらアートボードをクリックして、複数のアートボードを選択し、任意のアートボードを基準に [整列] パネルで整列することができます（→p.112）。

Lesson 11-3　PDF形式のファイルを作成する

Sample_Data / 11-3 /

Illustratorでは、Web用、ファイルサイズを小さくしたメール添付用、商用印刷の入稿データ用、プレゼン資料用の複数ページのPDFなど、さまざまな用途に適したPDFデータを簡単に作成できます。

PDF形式でコピーを保存する

あらかじめ作成したIllustratorファイルを開き、PDF形式でコピーを保存します。

新規ドキュメントを作成して保存する際に、[ファイル形式：Adobe Illustrator (ai)] ではなく、[Adobe PDF (pdf)] を選択して、最初からPDF形式でデータを作成することも可能ですが、使用するフォントや画像配置など、データの制作条件によっては、予期せぬトラブルを引き起こす可能性があるのでお勧めできません。

01 作成したIllustratorファイル（.ai）を開き、メニューから [ファイル] → [コピーを保存] を選択して、ダイアログを表示します。
ファイル名と保存場所を指定して、[ファイル形式：Adobe PDF (pdf)] を選択します❶。
また、複数のアートボードを設定している場合は、[すべて] または [範囲] を指定します❷。
設定が完了したら、[保存] ボタンをクリックします。

02 [Adobe PDFを保存] ダイアログが表示されるので、[Adobe PDFプリセット] から目的のプリセットを選択します❸。
[説明] にプリセットの説明が表示されるので❹、内容をよく確認して選択します。
また、必要に応じてオプションを指定します❺。
設定後 [PDFを保存] ボタンをクリックします。
これで指定した場所にPDFファイルが保存されます。

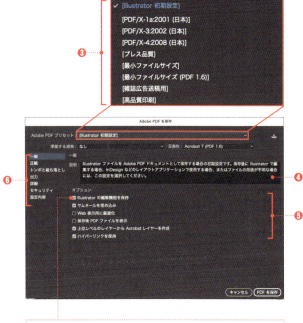

> **Memo**
> 画像の圧縮率やパスワードを設定するなど、さまざまな詳細設定を行うこともできます❻。

> **Memo**
> 「Illustratorの編集機能を保持」にチェックをつけると、そのPDFをIllustratorで編集できるようになりますが、ファイルサイズが大きくなります。必要に応じてチェックの有無を使い分けましょう。

> **Memo**
> プリセットには [PDF/X-1a:2001（日本）]、[PDF/X-3:2002（日本）]、[PDF/X-4:2008（日本）] などの、ISOに認定された商用印刷用途に最適化されたPDFフォーマットも用意されています。[PDF/X] は作業環境の違いによって生じる予期せぬトラブルなどを防ぐことができる規格です。なお、商用印刷のPDF入稿については、詳細を印刷会社へ確認してください。

Lesson 11-4 アートワークをPNG形式やJPG形式で書き出す

Sample_Data / 11-4 /

画像の書き出しは［アセットの書き出し］パネルおよび［スクリーン用に書き出し］ダイアログで書き出します。簡単な操作でサイズやファイル形式を指定して書き出すことができます。

［アセットの書き出し］パネルの操作

アセットとは「デザインのパーツや部品」という意味で、Illustratorで作成したアートワークを簡単な操作で［アセットの書き出し］パネルに追加して書き出すことができます。

Webやモバイル制作、Microsoft Office用、サイズの異なる複数の画像の書き出しの際に効率的です。

［アセットの書き出し］パネルは、メニューから［ウィンドウ］→［アセットの書き出し］を選択して表示します。

01 ［選択］ツール で書き出したいアートワークを選択して、［アセットの書き出し］パネルにドラッグ＆ドロップします❶。

02 ［アセットの書き出し］パネルにアセットが追加され、サムネール表示されます❷。
なお、複数のオブジェクトで構成されるアートワークの場合は、アセットを追加する前に、グループ化しておくか、もしくはドラッグする際に option （ Alt ）を押しながらドラッグすると、1つのアセットとして追加できます。

> **Memo**
> ［アセットの書き出し］パネルに追加したオブジェクトを編集すると、自動的に［アセットの書き出し］パネルに反映されます。

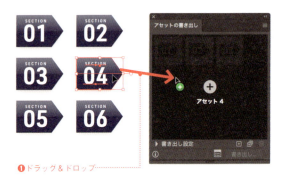

❶ドラッグ＆ドロップ

03 ［アセットの書き出し］パネルで、書き出したいアセットをクリックして選択します。複数選択する場合は shift を押しながらクリックします。
書き出す画像のサイズ（倍率）と❸、ファイル形式を指定して❹、［書き出し］ボタンをクリックします❺。
画像の書き出し先フォルダーを指定するダイアログが表示されるので、フォルダーを指定します。

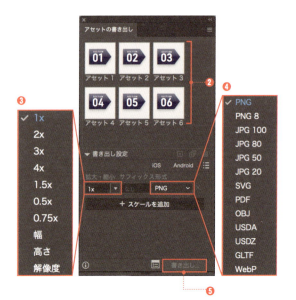

❋ ［アセットの書き出し］パネルの設定項目

項　目	説　明
❶アセット名	デフォルトでは「アセット00」という名前になる。クリックして名前を変更すると、書き出したファイル名に反映される。
❷拡大・縮小	書き出す画像のサイズ（倍率）を指定する。［1x］（等倍）、［2x］（2倍）など、また［幅］、［高さ］、［解像度］なども指定できる。
❸サフィックス形式	書き出したファイルの末尾に追加する、サフィックス（接尾辞）を指定する。
❹ファイル形式	PNG、JPG圧縮、SVG、PDFなど、ファイル形式を指定する。
❺スケールを追加	別のスケール比率、ファイル形式を追加できる。
❻選択範囲から単一のアセットを生成	選択した複数のオブジェクトを1つのアセットとして追加する。
❼選択範囲から複数のアセットを生成	選択した複数のオブジェクトを個別のアセットとして追加する。
❽アセットを削除	追加したアセットをパネルから削除する。
❾プリセットを追加	iOSデバイス、およびAndroidデバイス用のプリセットを追加する。
❿書き出しダイアログを開く	［スクリーン用に書き出し］ダイアログを表示する。下記のアートボードの書き出しを参照。

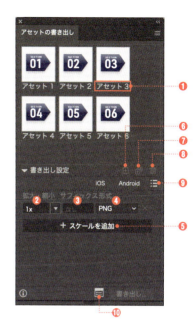

アートボードを書き出す

メニューから［ファイル］→［書き出し］→［スクリーン用に書き出し］を選択して、［スクリーン用に書き出し］ダイアログを表示します。

01 ドキュメント内に配置してあるアートボードがサムネール表示されるので、クリックして書き出す範囲を指定します❶。

02 ［書き出し先］のフォルダーアイコンをクリックして❷、画像の書き出し先フォルダーを指定するダイアログが表示されるので、フォルダーを指定します。

03 書き出す画像のサイズ（倍率）と❸、ファイル形式を指定して、［アートボードを書き出し］ボタンをクリックします❹。

> **Memo**
> 書き出す画像の詳細な設定を行いたい場合は、❺をクリックして［形式の設定］ダイアログを表示して行います。
>
>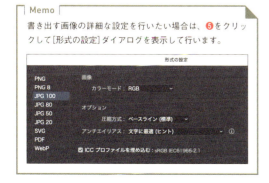

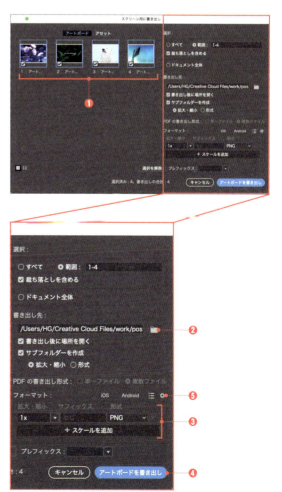

Lesson 11　環境設定とデータ出力

237

Sample_Data / 11-5 /

Lesson 11-5 Photoshop形式（psd）でファイルを書き出す

Photoshop形式でファイルを書き出すには、［書き出し］ダイアログで［Photoshop (psd)］を選択して、［Photoshop書き出しオプション］ダイアログで［解像度］や［オプション］を設定します。

PSD形式のファイルを書き出す

［書き出し］ダイアログで、［ファイル形式］で［Photoshop (psd)］を選択します。

01 メニューから［ファイル］→［書き出し］→［書き出し形式］を選択して、ダイアログを表示します。
ファイル名と保存場所を指定して、［ファイル形式］に［Photoshop (psd)］を選択します❶。
アートボードのサイズで書き出すには［アートボードごとに作成］を選びます。また複数のアートボードを使用している場合は、書き出す範囲を指定します❷。［書き出し］（Windowsでは［保存］）をクリックします。

02 ［Photoshop書き出しオプション］ダイアログが表示されるので、［カラーモード］［解像度］を指定し、各オプションを設定します❸。
各設定を行い［OK］ボタンをクリックすると、Photoshop形式（psd）でデータを書き出すことができます。

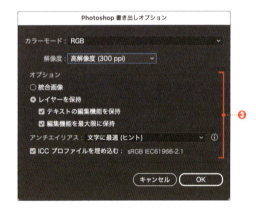

Memo
Illustratorで作成したオブジェクトを、コピー＆ペーストでPhotoshopのドキュメント上に配置することもできます。詳しくはPhotoshopのヘルプを参照してください。

［Photoshop書き出しオプション］ダイアログの設定項目

項目	説明
カラーモード	書き出すファイルのカラーモードを設定する。
解像度	書き出すファイルの解像度を設定する。
統合画像	選択するとすべてのレイヤーが統合され、ラスタライズ画像として書き出される。アートワークの外観が保持される。
レイヤーを保持	選択するとレイヤーが保持される。 ［テキストの編集機能を保持］にチェックをつけると、可能な場合に限りテキストオブジェクトがPhotoshopのテキストレイヤーに変換される。例えば、テキストに特定の効果や［線］にカラーを設定している場合などは、テキストの編集機能は保持されない。 ［編集機能を最大限に保持］にチェックをつけると、アートワークの外観（見た目）に影響がない場合のみ、Illustratorの［複合シェイプ］オブジェクトをPhotoshopの［シェイプレイヤー］に書き出すことができる。 なお、［レイヤーを保持］を選択した場合でも、Photoshop形式に書き出すことができないデータを含む場合は、アートワークの外観の保持が優先されて、レイヤー、複合シェイプ、テキストオブジェクトが統合されてラスタライズ処理が行われる。
アンチエイリアス	アンチエイリアスとは、輪郭と背景が自然に馴染むように輪郭をぼかすこと。 ［なし］［アートに最適（スーパーサンプリング）］［文字に最適（ヒント）］の3種類から選択できる。
ICCプロファイルを埋め込む	チェックをつけるとカラープロファイルを埋め込むことができる。

Lesson 11-6 Web用の形式でファイルを書き出す

Sample_Data / 11-6 /

プレビューを確認しながら、画質やファイルサイズを調整して、Web用に最適化されたファイルを書き出すことができます。

🖼 Web用に保存する

ドキュメントのアートワークをWeb用の画像に書き出すには、次の手順を実行します。

01 メニューから［ファイル］→［書き出し］→［Web用に保存（従来）］を選択して❶、［Web用に保存］ダイアログを表示します。

02 表示オプションの［2分割］タブをクリックして❷、表示を切り替えます。
［元画像］は最適化をする前の元の画像、［最適化］は最適化を行った後の画像です。
プレビューウィンドウをクリックして❸、アクティブにしてから最適化の設定を行います。
スライスを設定している場合は、［スライス選択］ツール❹で対象のスライスをクリックしてアクティブにして、個別に設定を行います。

03 あらかじめ登録されている［プリセット］の設定を選択してから❺、必要に応じて各設定項目を調整します。
一般的には、写真やグラデーションを設定している場合は「JPEG」を、アイコンやイラストの場合は「PNG」か「GIF」を設定します。
元画像と比べて、見た目の劣化が少なく、できるだけファイル容量が小さくなるように設定します❻。
設定後、書き出す設定のプレビューウィンドウをアクティブにして、［保存］ボタンをクリックします❼。

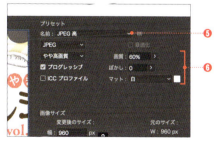

04 画像にリンクの設定を行っていない場合は［ファイル形式：画像のみ］を選択して❽、［保存］ボタンをクリックします。

Lesson 11-7 下位バージョン用に保存する

Sample_Data/11-7/

下位バージョン用にファイルを保存するには、[Illustratorオプション] ダイアログで対象のバージョンを設定します。バージョンを下げると、一部の機能が分割・拡張されて再編集できなくなる場合があります。

バージョンを下げる

[コピーを保存] を行い、[Illustratorオプション] ダイアログで対象のバージョンを設定します。

使用中のIllustratorのバージョンの機能の中には、以前のバージョンではサポートされていない機能があります。そのため互換性が保てない内容が含まれている場合、バージョンを下げて保存すると、「見た目を維持するため」に、一部の機能が分割・拡張されて再編集できなくなる場合があるので注意が必要です。

必ず作成した元のバージョンのファイルを残して [コピーを保存] で、下位バージョン用のファイルを作成しましょう。

01 メニューから [ファイル] → [コピーを保存] を選択して、ダイアログを表示します。ファイル名と保存場所を指定して、[ファイル形式：Adobe Illustrator (ai)] を選択し❶、[保存] ボタンをクリックします。

02 [Illustratorオプション] ダイアログが表示されるので、[バージョン] プルダウンメニューから保存したいバージョンを選択します❷。

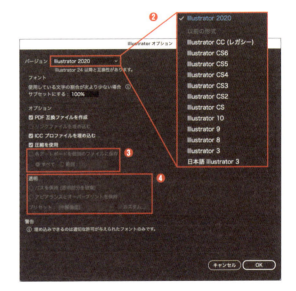

> **Memo**
> ❸は、複数のアートボードを設定したファイルを、個別のファイルに書き出すことができます。❹は、透明機能を使用したファイルを、バージョン8よりも下位に書き出す際に設定します。

● 下位バージョンとの主な互換性の相違点

下位互換	内容
Illustrator CC（レガシー）以前	以前のバージョンでサポートされていない編集機能の一部が使用できなくなり、分割・拡張およびビットマップ画像に変換される場合がある。また、テキストレイアウトが変更される場合がある。
CS3以前	複数のアートボードを設定している場合は、1つを残してガイドに変換される。また [個別のファイルに保存] を選ぶこともできる。
Illustrator10以前	テキストがバラバラになる場合がある。
Illustrator8以前	[透明機能] を適用している場合、分割・拡張される。

COLUMN

他者が制作したデータを扱う

本書のサンプルデータや市販の素材集、Webからダウンロードしたデータなど、他者が制作したデータを扱う場合の注意点とポイントです。

ドキュメントを開く際のフォントの問題

ドキュメントを開く際に、お使いの環境にインストールされていないフォントがドキュメント内で使用されていると、[環境に無いフォント]ダイアログが表示されます。[Adobe Fontsから同期可能]なフォントである場合は❶、[フォントをアクティベート]をクリックするとAdobe Fontsからフォントがダウンロードされます❷。

[フォントを置換]をクリックすると[フォントの検索と置換]ダイアログが開くので、適宜対応します❸。（→p.211「ドキュメント内のフォントの検索・置換」）

ドキュメント内を確認する

ドキュメントを開いてからは、以下を確認します。

- カラーモードの確認（→p.242「ドキュメントのカラーモードを変更する」）
- 非表示およびロックされたオブジェクトの確認
  （→p.122「レイヤーの表示/非表示」、→p.123「レイヤーをロック」）
- オブジェクトを選択して[コントロール]パネルおよび[プロパティ]パネルで、オブジェクトの属性の確認❹
- オブジェクトを選択して[アピアランス]パネルでアピアランス属性の確認❺

ドキュメント間のデータの移動

「ドキュメントA」内のオブジェクトを「ドキュメントB」に配置する一般的な方法はコピー＆ペーストです。配置するオブジェクトを⌘（Ctrl）+Cでコピーして、⌘（Ctrl）+Vでペーストして配置します。

編集を行う場合は別名で保存

他者が制作したデータの編集を行う場合は、上書き保存ではなく、必ず[別名で保存]を行い、ご使用のIllustratorのバージョンで保存します。下位バージョンのIllustratorで制作されたドキュメントを上位バージョンで編集して上書き保存すると、互換性の関係で予期せぬ問題が起こる場合があります。
（→p.32「ファイルを保存する」、→p.240「下位バージョンようにを保存する」）

Sample_Data / 11-8 /

Lesson 11-8 ドキュメントのカラーモードを変更する

Illustratorでは、制作物の用途に合わせてドキュメントのカラーモードを選択する必要があります。ドキュメントの現在のカラーモードを確認したうえで、必要に応じてカラーモードを変更しましょう。

ドキュメントのカラーモードを変更する

ここではドキュメントのカラーモードを [CMYKカラー] から [RGBカラー] に変更します。

01 現在開いているドキュメントに設定されているカラーモードを確認します。カラーモードはドキュメントウィンドウのファイル名の右横に表示されています❶。

02 メニューから [ファイル] → [ドキュメントのカラーモード] → [RGBカラー] を選択します。
これで、ドキュメントのカラーモードが [RGBカラー] に変更されました❷。
カラーモードを変更すると、オブジェクトの色や [スウォッチ] パネルに登録してあるスウォッチの色など、ドキュメント内のすべての色が変換されます。

カラーモード

種類	説 明
RGBカラー	光の三原色である、R（レッド）、G（グリーン）、B（ブルー）の3つの色を組み合わせて色を表現する方法。色自体が発光し、各色を重ねて色を表現する「加法混色」。3色を完全に混ぜ合わせると白色になる。ディスプレイがこの方式によって色を再現していることから、一般的に、Web用の画像を作成する場合はRGBカラーモードを選択する。
CMYKカラー	C（シアン）、M（マゼンタ）、Y（イエロー）、K（ブラック）の4つの色を組み合わせて色を表現する方法。「減法混色」という。理論的にはCMYの3色で色を表現できるとされるが、実際にはブラックをきれいに印刷するためにKが用意されている。各色を完全に混ぜ合わせると黒色になる。一般的に、印刷物を作成する場合はCMYKカラーモードを選択する。

> **Memo**
> RGBとCMYKでは、表現できる色域（色の範囲）が異なるため、カラーモードを変換すると、オブジェクトの色みが変わることがあります。この際、再度元のカラーモードに戻しても、元の色には戻らないので注意が必要です。
> また、オブジェクトに [描画モード] を設定して背面のオブジェクトとカラーを合成している場合は、ドキュメントのカラーモードを変換すると、見た目が大きく変わることがあるので注意が必要です。
> このような場合はしっかりと目視で確認しながら行い、必要に応じて [透明部分を分割・統合] を適用するか（→p.126）、または [ラスタライズ] を適用して画像に変換（→p.184）してから、カラーモードを変換します。

Lesson 11-9 カラー設定とカラーマネジメント

Sample_Data / 11-9 /

カラーマネジメントとは、ディスプレイやデジタルカメラ、スキャナ、プリンタといった、色を表現する特性が異なるさまざまな機器間で、基準値を設けて色を統一・管理する仕組みです。

Illustratorのカラー設定

初期設定では、Adobe Creative Cloudの各アプリケーションは、カラー設定が同期されています。Illustratorのカラー設定をカスタマイズしたい場合は、メニューから[編集]→[カラー設定]を選択して、[カラー設定]ダイアログで行います。

> **Memo**
> 使用用途が定かではない場合は、一般的には[設定]からプリセットを選択することをお勧めします❶。広く利用されているものに[一般用-日本2][プリプレス用-日本2]などがあります。各プルダウンメニューやチェックボックスにマウスポインターを合わせると、それぞれの説明が表示されます❷。かなり詳細な設定を行うことも可能ですが、精通している人が十分に理解したうえで、明確な意図をもって使用する以外はお勧めしません。

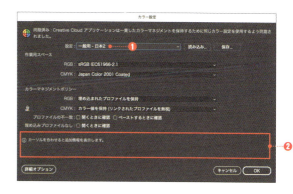

Adobe Bridgeでカラー設定を統一する

Adobe Creative Cloudの各アプリケーションで、個別に変更した[カラー設定]を統一したい場合は、「Adobe Bridge」を使用します。Adobe Bridgeを起動して、Adobe Bridgeのメニューから[編集]→[カラー設定]を選択して、[カラー設定]ダイアログを表示し、任意のカラー設定を選択します❸。

ファイルごとにプロファイルを指定する

ファイルごとに、個別にプロファイルを指定する場合は、メニューから[編集]→[プロファイルの指定]を選択して、[プロファイルの指定]ダイアログを表示します。

[プロファイル]を選択することで、そのファイルのプロファイルを指定できます❹。また、プロファイルを指定しないことによって、ドキュメントのカラーマネジメントを行わないように設定することもできます❺。

> **Memo**
> カラー設定を行ったからといって、必ずしも色がきれいに再現・統一されるというわけではありません。実際の色は、機器の特性や個体差、経年劣化などにも左右されるため、ディスプレイやプリンタなどの機器が、[Adobe RGB]や[sRGB][CMYK]といったカラーモードを表現できるか、またそれらの機器の設定・管理が適切に行われているかが重要になります。

Lesson 11-10 環境設定の基礎知識

Sample_Data / 11-10 /

Illustratorでは、[環境設定]ダイアログでIllustratorに関するさまざまな項目を設定できます。ここでは知っておくと便利な、重要または頻出する設定項目のみを厳選して解説します。

環境設定を確認する

Illustratorの環境設定を行うには、メニューから[Illustrator]（Windowsは[編集]）→[設定]内の、目的の設定カテゴリーを選択して❶、[環境設定]ダイアログを表示して行います。

なお、各カテゴリーは、[環境設定]ダイアログを開いてから、カテゴリー名を選択して切り替えることができます❷。

> **Memo**
> [環境設定]ダイアログは、[選択]ツール で何も選択していない状態で、[コントロール]パネルおよび[プロパティ]パネルに表示される[環境設定]ボタンから開くこともできます❸。
> また、[プロパティ]パネルには、いくつかの環境設定の項目が表示されます❹。

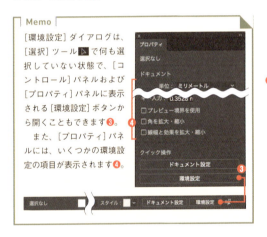

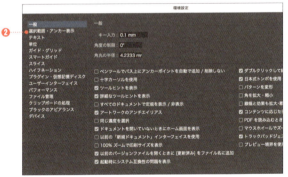

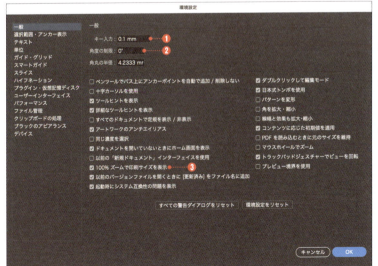

[一般]カテゴリ

・[キー入力]
キーボードの矢印キー→←↓↑を入力して、選択中のオブジェクトを移動する際の一回の入力での移動距離を設定します❶。[shift]を押しながらキー入力を行うと、設定値の10倍の距離を移動することができます。

・[角度の制限]
例えば角度を25°に設定して、描画系ツールで描画や、[文字]ツールでテキストオブジェクトを作成すると、25°傾いた状態でオブジェクトが作成されます❷。
なお描画後に設定値を0°に戻してもドキュメント内のオブジェクトの角度は0°にはなりません。

・[100%ズームで印刷サイズを表示]
チェックをつけると、[100%表示]はA4サイズのアートボードが実際のA4サイズで表示されます❸。チェックを外すと[100%表示]はピクセル等倍で表示されます（→p.39）。

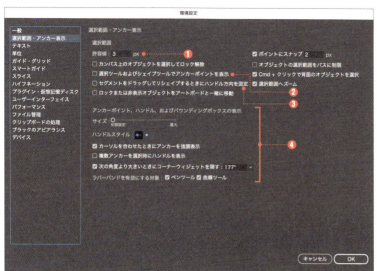

[選択範囲・アンカー表示] カテゴリ

・[許容値]
設定した許容値の範囲内にマウスポインターが近づくと、アンカーポイントやパスオブジェクトを選択できます❶。

・[選択ツールおよびシェイプツールでアンカーポイントを表示する]
初期設定では [選択] ツールでパスオブジェクトを選択した際に、アンカーポイントが表示されません。このチェックをつけると表示されるようになります❷。

・[セグメントをドラッグしてリシェイプするときにハンドル方向を固定]
チェックをつけると、パスセグメント上を [ダイレクト選択] ツールでドラッグして変形する際のハンドルの角度を固定します❸。

・[アンカーポイントとハンドルの表示]
アンカーポイントとハンドルの表示を変更できます❹。

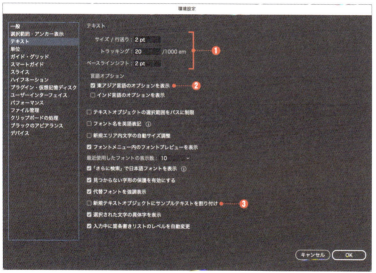

[テキスト] カテゴリ

・[サイズ / 行送り] [トラッキング] [ベースラインシフト]
これらの設定値は、キーボード入力で、テキストの行送りやトラッキングを編集する際の1回のキー入力で変更できる距離を設定します❶。
(→ p.200, 201 を参照)

・[東アジア言語のオプションを表示]
これにチェックをつけると、[文字] パネルに [文字ツメ] [アキを挿入] が表示されます❷。
(→ p.192 を参照)

・[新規テキストオブジェクトにサンプルテキストを割り付け]
チェックをつけると、テキストオブジェクトを作成した際に、自動的にサンプルテキストが割り付けられます❸。

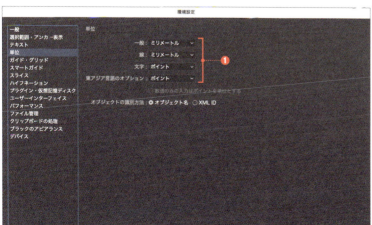

[単位] カテゴリ

Illustratorで描画するパスオブジェクトのサイズや、座標値、移動、変形、文字のサイズなど、さまざまな単位を設定します❶。
(→ p.60「正確なサイズの図形を描く」を参照)

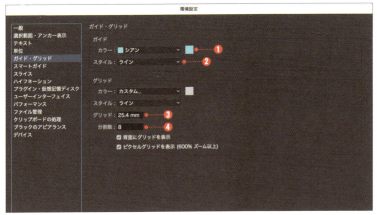

[ガイド・グリッド]カテゴリ

ガイドとグリッドの色やスタイル、グリッドの間隔を設定します。
(→ p.44「定規とガイド・グリッドを使いこなす」を参照)

・[カラー]では、ガイドまたはグリッドのカラーを変更できます❶。

・[スタイル]では、[ライン](実線)または[点線]を設定できます❷。

・[グリッド]では太い線で表示されるグリッドの間隔を設定します❸。

・[分割数]では太い線のグリッド内をいくつに分割するかを設定します❹。

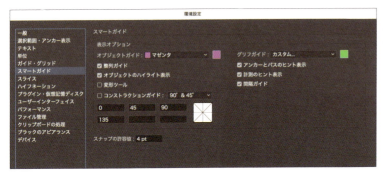

[スマートガイド]カテゴリ

スマートガイドのカラーやガイドの種類、角度、スナップする距離を設定します。

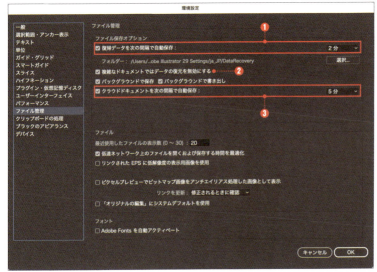

[ファイル管理]カテゴリ

・[ファイル保存オプション]
Illustratorがクラッシュしてもデータが損なわれないように、ファイルを自動保存できます。[復帰データを次の間隔で自動保存]にチェックをつけると、設定した時間ごとに自動保存されます❶。

・復元の無効化
データサイズの大きいデータや、複雑なデータは保存に時間がかかるため、バックグラウンドで自動保存が行われると、作業が重くなったり、一時的に中断されたりする場合があります。[複雑なドキュメントではデータの復元を無効にする]でオン/オフを適宜切り替えます❷。

・クラウドドキュメントを自動保存
デフォルトでチェックがついており、5分おきにクラウドドキュメントが自動保存されます。自動保存する間隔を何分にするか変更できます❸。なお、クラウドドキュメントを閉じる際も自動保存されます。

Lesson 11-11 パッケージ機能でファイルを収集する

パッケージ機能とは、ドキュメントファイルとドキュメント内で使用したフォントおよびにリンク配置してあるリンクファイルを、1つのフォルダーにまとめて収集（元データを残し複製）する機能です。

パッケージ機能とは

他者へドキュメントファイルや配置画像のデータを渡す際や、複数のフォルダー内から画像をリンク配置している場合の整理に使用すると効果的です。
なお、クラウドドキュメントでは動作しません。

> **Memo**
> パッケージ機能はとても便利な機能である反面、ドキュメントファイルとリンクファイルが複製されるため、PC内に同じファイルが2つずつ存在することになります。
> 適切にファイル管理を行わないと修正が反映されないなどといったことが起こり得るので注意が必要です。適切なファイル管理を行いましょう。

01 ドキュメントを開いた状態で、メニューから[ファイル]→[パッケージ]を選択して、[パッケージ]ダイアログを表示します❶。

02 収集するファイルを保存するフォルダーを作成する場所を指定して❷、任意のフォルダー名を指定します❸。なお、デフォルトではドキュメント名が設定されます。
また、各種オプションを設定して❹、[パッケージ]ボタンをクリックします❺。

03 パッケージが正常に作成されると、ダイアログが表示されます❻。
[パッケージを表示]をクリックすると、作成されたパッケージフォルダーが開き確認できます❼。

■ [パッケージ]ダイアログのオプションの解説

種類	説明
リンクをコピー	リンクファイルをパッケージフォルダーにコピーする。
リンクを別のフォルダーに収集	チェックをつけると、パッケージフォルダー内に「Links」という名称のフォルダーが作成されて、コピーされたリンクファイルが収集される。
リンクされたファイルとドキュメントを再リンク	チェックをつけると、ドキュメントのリンク先が、パッケージフォルダに収集したリンクファイルに再リンクされる。チェックを外すとドキュメントのリンク先がオリジナルのリンクファイルのままになる。
フォントをコピー（Adobe以外の日中韓フォント、およびAdobe Fontsからのフォントを除く）	チェックをつけると、フォントのライセンスに関する警告が表示される（表示された場合は必ず確認してください）。「Font」という名称のフォルダーが作成されて、ドキュメント内で使用している日中韓およびAdobe Fontsフォント以外のフォントがコピーされる。
レポートを作成	ドキュメントのカラーモードやカラープロファイル、フォント、リンク画像、埋め込み画像などの情報が「〈ファイル名〉レポート.txt」というテキストファイルに書き出される。

247

Lesson 11-12 ショートカットの活用

Illustratorの操作に慣れてきたら、ショートカットの活用をお勧めします。ショートカットを上手に利用すれば、格段に効率良く作業を進められます。

📎 ショートカットの記載場所

Illustratorでは、メニューコマンドやツールバーのツール名の右横にショートカットが記載されています❶❷。一部のコマンドやツールには割り当てられていませんが、使用頻度の高いものには割り当てられているので、必要に応じて1つずつ覚えていってください。

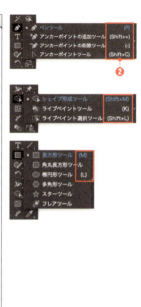

📎 ショートカットの確認と割り当て

各機能に割り当てられているショートカットは、[キーボードショートカット]ダイアログで確認できます。また、このダイアログではショートカットをカスタマイズして、みなさん独自のショートカットを設定することも可能です。

01 メニューから[編集]→[キーボードショートカット]を選択して、[キーボードショートカット]ダイアログを表示し、[保存]ボタンをクリックします❸。

02 表示される[キーセットファイルを保存]ダイアログで任意の名前をつけて❹、[OK]ボタンをクリックします❺。

> **Memo**
> [テキスト書き出し]ボタンをクリックすると❻、ショートカット一覧のテキストデータを取得できます。

| 03 | [セット] に保存したセットが設定されます❼。ここではメニューコマンドの [オブジェクト] → [変形] → [バウンディングボックスのリセット] にショートカットを割り当ててみます。左上のプルダウンメニューに [メニューコマンド] を選択して❽、[オブジェクト] メニューの左横にある▼をクリックして展開し、さらに [変形] を展開します❾。 |

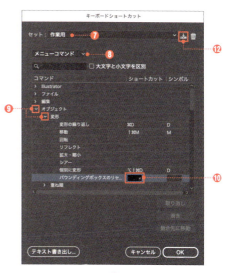

| 04 | [バウンディングボックスのリセット] をクリックしてアクティブにします。すると画面中央に入力欄が表示されます❿。この状態で、キーボードから任意のキーを入力すると、その内容が入力欄に表示されます⓫。ここでは shift + 1 と入力しました。 |

| 05 | 指定したショートカットを登録する場合は再度 [保存] ボタンをクリックします⓬。 |

| 06 | [名前] が入力された状態でダイアログが開きます。上書きする場合はそのまま [OK] ボタンをクリックし⓭、表示される確認ダイアログで [はい] ボタンをクリックします⓮。これでみなさん独自のショートカットの登録は完了です。保存後は [セット] に選択されているショートカットセットが使用されます⓯。ショートカットセットを元に戻す場合は、[セット] に [Illustrator初期設定] を選択してください。 |

ここも知っておこう！ ▶ ショートカットの競合

指定したショートカットが、すでに別のメニューコマンドに割り当てられている場合、ダイアログ下部に右図のような警告が表示されます❶。このような場合は、ショートカットキーを、新たに指定するコマンドに割り当てるのか、または元のコマンドのままにしておくのかを選択できます。もし、新たにコマンドに割り当てた場合は、元のコマンドに別のショートカットを割り当てることも可能です❷。

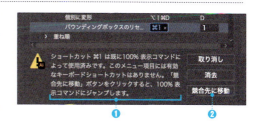

● 主なショートカット一覧

機　能	macOS	Windows
設定	⌘ + K	Ctrl + K
Illustratorを終了する	⌘ + Q	Ctrl + Q
新規ドキュメントを作成する	⌘ + N	Ctrl + N
テンプレートを使用して新規ドキュメントを作成する	⌘ + shift + N	Ctrl + t + N
ファイルを開く	⌘ + O	Ctrl + O
ファイルを閉じる	⌘ + W	Ctrl + W
ファイルを保存する	⌘ + S	Ctrl + S
別名で保存する	⌘ + shift + S	Ctrl + shift + S
コピーを保存する	⌘ + option + S	Ctrl + Alt + S
配置	⌘ + shift + P	Ctrl + shift + P
ドキュメント設定	⌘ + option + P	Ctrl + Alt + P
プリントする	⌘ + P	Ctrl + P
1つ前の作業を取り消す	⌘ + Z	Ctrl + Z
1つ前の作業をやり直す	⌘ + shift + Z	Ctrl + shift + Z
カットする	⌘ + X	Ctrl + X
コピーする	⌘ + C	Ctrl + C
ペーストする	⌘ + V	Ctrl + V
前面へペーストする	⌘ + F	Ctrl + F
背面へペーストする	⌘ + B	Ctrl + B
同じ位置にペーストする	⌘ + shift + V	Ctrl + shift + V
すべてのアートボードにペーストする	⌘ + option + shift + V	Ctrl + Alt + shift + V
書式なしでペースト	⌘ + option + V	Ctrl + Alt + V
オブジェクトの変形を繰り返す	⌘ + D	Ctrl + D
オブジェクトを1つ前面に移動する	⌘ +]	Ctrl +]
オブジェクトを最前面に移動する	⌘ + shift +]	Ctrl + shift +]
オブジェクトを1つ背面に移動する	⌘ + [	Ctrl + [
オブジェクトを最背面に移動する	⌘ + shift + [	Ctrl + shift + [
オブジェクトのグループ化	⌘ + G	Ctrl + G
オブジェクトのグループ化の解除	⌘ + shift + G	Ctrl + shift + G
選択中のオブジェクトをロック	⌘ + 2	Ctrl + 2
すべてのロックを解除	⌘ + option + 2	Ctrl + Alt + 2
選択中のオブジェクトを隠す	⌘ + 3	Ctrl + 3
隠したすべてのオブジェクトを表示する	⌘ + option + 3	Ctrl + Alt + 3
クリッピングマスクを作成する	⌘ + 7	Ctrl + 7
クリッピングマスクを解除する	⌘ + option + 7	Ctrl + Alt + 7
テキストのアウトライン化	⌘ + shift + O	Ctrl + shift + O
制御文字の表示／非表示	⌘ + option + I	Ctrl + Alt + I
すべてを選択する	⌘ + A	Ctrl + A
プレビュー表示／アウトライン表示	⌘ + Y	Ctrl + Y
ズームイン	⌘ + +	Ctrl + +
ズームアウト	⌘ + −	Ctrl + −
アートボードを全体表示する	⌘ + 0	Ctrl + 0
すべてのアートボードを全体表示	⌘ + option + 0	Ctrl + Alt + 0
100％表示	⌘ + 1	Ctrl + 1
定規の表示／非表示	⌘ + R	Ctrl + R
ガイドの表示／非表示	⌘ + ;	Ctrl + ;
スマートガイドの有効／無効	⌘ + U	Ctrl + U

数字・アルファベット

100％表示	39
2段組み	204
[3D（クラシック）]効果	156
[3Dとマテリアル]パネル	25
Adobe Bridge	243
ai形式／aic形式／ait形式	26
[CCライブラリ]パネル	22
CMYKカラー	242
CPUで表示	36, 37
eps形式	12, 26
GPUで表示	37
GPUパフォーマンス機能	37
GPUプレビュー	36
ICCプロファイルを埋め込む	33, 238
OpenType SVGフォント	209
[OpenType]パネル	23, 208
OpenTypeフォント	201
PDF形式のファイルの作成	235
PDF互換ファイルを作成	26, 33
[Retype]パネル	25
RGBカラー	242
[Shaper]ツール	16
svg形式	12, 26

あ行

アートブラシ	172
アートボード	13, 31
[アートボード]ツール	17, 232
[アートボード]パネル	21
アートボードのサイズ	232
アートボードを全体表示	39
アウトライン	105
アウトライン化	212
アウトライン表示	124
[アクション]パネル	24
[アセットの書き出し]パネル	24, 236
アニメーションズーム	37
アピアランス	137
[アピアランス]パネル	21, 226
アンカーポイント	86, 91, 92,
[アンカーポイント]ツール	15
[アンカーポイントの削除]ツール	15
[アンカーポイントの追加]ツール	15
アンチエイリアス	193, 238
異体字	208
[移動]ダイアログ	49
印刷機能	46
インターフェイス	42
インデント	202
上付き文字	193
打ち消し線	193
埋め込み配置	175
エリア内文字	194
[エリア内文字]ツール	15
エリア内文字オプション	204
[遠近グリッド]ツール	16
[遠近図形選択]ツール	16
遠近変形	68
[円弧]ツール	15, 63
[鉛筆]ツール	16, 110
円を描く	52
欧文基準の行送り	200
欧文ベースライン	199
オーバーセットテキスト	196
オープンパス	86, 94
オールキャップス	193
オブジェクトの移動・選択・消去	48, 49
オブジェクトを再配色	142
オンラインヘルプ	190

か行

カーニング	193, 201
改行の表示	216

251

外接円	53	グラデーション	17, 138
解像度	238	[グラデーション]ツール	17, 140
[回転]ツール	16, 65, 66,	[グラデーション]パネル	22
[回転ビュー]ツール	17	グラデーションメッシュ	141
ガイド	45, 219	[グラフ]ツール	166
下位バージョン	240	[グラフィックスタイル]パネル	22, 213
[拡大・縮小]ツール	16, 66	グリッド	44
角の比率	99	クリッピングマスク	182
重ね順	118, 119	グループオブジェクト	115
箇条書き	202	グループ化	114
下線	193	[グループ選択]ツール	15
画素	12	グループの抜き	146
[画像トレース]パネル	24, 186	グレースケール	134
画像の配置	174	クローズパス	86
仮想ボディの上基準の行送り	200	グローバルカラースウォッチ	132
画像をイラストに変換	186	クロスと重なり	164
画像を置き換える	177	形状モード	74
画像を切り抜く	188	[消しゴム]ツール	16
型抜き	117	言語の設定	193
[角丸長方形]ツール	16, 56	効果	152
可変線幅	102	効果ギャラリー	157
カラー	17	[光彩(内側)]効果	156
[カラー]パネル	21, 129	合字	208
[カラーガイド]パネル	21, 133	合成	74
カラー設定	243	合成フォント	214
カラーの反転	135	[コーナー]ダイアログ	84
[カラーハーフトーン]効果	156	コーナーウィジェット	28, 84
カラーピッカー	129	コーナータイル	171
カラーマネジメント	243	コーナーポイント	87, 93
カラーモード	31, 238, 242,	互換性	240
カラーモデル	129	[個別に変形]ダイアログ	70
環境設定	231, 244	[コメント]パネル	25
基本アピアランス	104, 128	コンテキストタスクバー	21, 27
逆順	46	[コントロール]パネル	21, 27
旧字体	208		
行送り	192, 200	▶ さ行	
行間	200	最終カラー	149
行揃え	202	[シアー]ツール	16, 66
行頭禁則文字・行末禁則文字	203	[シェイプ形成]ツール	16, 165
曲線	88	シェイプを拡張	58
[曲線]ツール	15, 96	[ジグザグ]効果	155
禁則処理	203	[字形]パネル	23
組み方向	207	字下げ	202

四則演算	62
下絵	176
下付き文字	193
[自動選択]ツール	15, 125
写真の配置	174
修飾字形	208
[自由変形]ツール	16, 68
定規	44
[詳細設定]ダイアログ	31
ショートカット	248
初期化	35
初期設定の塗りと線	17
序数	209
新規ウィンドウ	39
新規ツールバー	40
新規ドキュメント	30
[シンボル]パネル	22
[シンボルスプレー]ツール	17
[スウォッチ]パネル	21, 130
スウォッチライブラリ	161
[ズーム]ツール	17, 36
ズームイン・ズームアウト	39
スクリーンモードを変更	17
[スター]ツール	16, 55
ステータスバー	13
[スパイラル]ツール	15, 63
スペースの表示	216
[スポイト]ツール	17, 136
スマートガイド	28, 43
[スムーズ]ツール	16
スムーズポイント	87, 93
スモールキャップス	193
[スライス]ツール	17
[スライス選択]ツール	17
スレッドテキスト	205
[寸法]ツール	17
制御文字	216
生成AI	143
[生成されたバリエーション]パネル	25
生成ベクター	108
正多角形	54
[整列]パネル	23, 112
線	17, 98, 128,

[線]パネル	22
[選択]ツール	15
[線幅]ツール	16, 102
線幅と効果を拡大・縮小	67
線幅を変える	53
操作の取り消し・やり直し	50
[属性]パネル	22

▶ た行

[ダイレクト選択]ツール	15
[楕円形]ツール	16, 52
[多角形]ツール	16, 54
裁ち落とし	31
縦組み	207
[タブ]パネル	23
タブの表示	216
単位	31, 61
段組み	204
段落	202
[段落]パネル	23
[段落スタイル]パネル	23
丁合い	46
[長方形]ツール	16, 52, 56,
[長方形グリッド]ツール	15, 63
直線	88
[直線]ツール	15
直角二等辺三角形	58
ツールバー	13, 14
ツールバーを編集	17
テキストエリアをつなげる	205
テキストのベースライン間の距離	200
テキストの回り込み	206
[手のひら]ツール	17, 36, 38,
点線	100
等間隔	112
統合画像	238
[同心円グリッド]ツール	15, 63
[透明]パネル	22, 146
透明グリッド	42
透明部分を分割・統合	126
ドキュメントウィンドウ	13
特殊文字	208
ドッキング	20

253

な行

内接円	53
[ナイフ]ツール	16
[なげなわ]ツール	15
[ナビゲーター]パネル	24, 38
塗り	17, 128
塗りと線を入れ替え	17
塗りのないオブジェクトの処理	79
[塗りブラシ]ツール	16

は行

バージョン	33
[バージョン履歴]パネル	24
ハーモニールール	133
配置画像の状態	180
配置した画像を含む	33
[背面描画]モード	118
バウンディングボックス	64
[はさみ]ツール	16
パス	12, 86
パスオブジェクトの合成	165
[パス消しゴム]ツール	16
[パス上オブジェクト]ツール	17
[パス上文字]ツール	15
パス上文字オプション	197
パスセグメント	86
パスのアウトライン	105
パスの連結	94
[パスファインダー]セクション	78
[パスファインダー]パネル	23, 74
破線	100
[パターンオプション]パネル	25
パターンスウォッチ	158, 162
パターンの変形	160
パターンブラシ	170
パッケージ機能	247
パネル	13
パネルグループ	20
パネルドック	13
パネルドックの操作	18
パネルの操作	18
パネルメニュー	19
[パペットワープ]ツール	16, 163, 221,
バリアブルフォント	209
[パンク・膨張]効果	154
反転	65
東アジア言語のオプション	61
ピクセル	12
ひし形	57
[ヒストリー]パネル	24, 50
ビットマップ画像	12
描画方法の切り替え	17
描画モード	148
[表示]メニュー	39
[表示の切り換え]ボタン	124
表示倍率	36
表示範囲	38
ファイル形式	26
ファイルの書き出し	236, 238, 239,
ファイルの保存	32
フォント	192, 199
フォントの検索・置換	211
吹き出し	76
複合シェイプ	75
複合パス	116
複数のアートボード	234
不透明マスク	147
ブラシ	168
[ブラシ]ツール	16
[ブラシ]パネル	22
ブラシライブラリ	100
フリーグラデーション	139
[プリント]ダイアログ	46
プリントプリセット	46
[プリント分割]ツール	17, 47
[フレア]ツール	16
プレビュー境界を使用	113
プレビューモード	31
[ブレンド]ツール	17, 150
ブレンドオブジェクト	220
ブレンドカラー	149
フローティング	20

254

［プロパティ］パネル	21, 27
プロファイル	243
［分割・統合プレビュー］パネル	24
分岐点	138
分数	209
［分版プレビュー］パネル	24
ベースカラー	149
ベースラインシフト	193
ベクター画像	12
ベクターグラフィック	108
ベクター効果	152
ベジェ曲線	88
ベベル結合	99
［ペン］ツール	15, 88
［変形］パネル	23, 62
ペンローズの三角形	218
ポイント文字	194
［棒グラフ］ツール	17
星型	55
保存フォーマット	26

▶ ま行

マイター結合	99
回り込み	206
［メッシュ］ツール	17
メトリクス	201
メニューバー	13
モザイク加工	184
［文字］ツール	15, 194
［文字］パネル	23, 192
文字回転	193
文字組み	203
文字効果	213
［文字スタイル］パネル	23
［文字タッチ］ツール	15, 215
文字ツメ	193
文字のアウトライン化	212
文字の検索	210
文字の追加・削除・編集	198
文字の入力	194
［モックアップ］パネル	25, 189
［もっと知る］ウィンドウ	190

［ものさし］ツール	17
約物	203

▶ や行

矢印	101
やり直し	50
歪み変形	69
用紙サイズ	46
横組み	207
余分なポイントを削除	79

▶ ら行

ライブコーナー	84
ライブシェイプ	57
［ライブペイント］ツール	16
［ライブペイント選択］ツール	16
［落書き］効果	155
ラジアル	72
ラスタライズ効果	31, 152
［ラフ］効果	155
ランダムに変形	71
［リキッド］ツール	151
［リシェイプ］ツール	16
リピート機能	72
［リフレクト］ツール	16, 66
［リンク］パネル	22, 180
リンク画像	178
リンク配置	175
レイヤー	119
［レイヤー］パネル	21, 118
レイヤーカラー	28
レイヤーの基本操作	120
レイヤーの表示／非表示	122
レイヤーのロック	123
レイヤーを保持	238
［連結］ツール	16

▶ わ行

ワークスペース	13, 40
［ワープ］効果	154
［ワープ］ツール	16, 151

著者紹介

高野 雅弘(たかの まさひろ)

グラフィックデザイナー／アートディレクター。HIGHER GROUND代表。広告制作会社を経て、2008年、HIGHER GROUND設立。広告制作を中心に、CI、ロゴデザイン、フライヤーなど幅広く手掛ける。近年はデザイン関連書籍のアートディレクターとして、コンテンツのディレクションおよびデザインも行う。三度の飯よりグラフィックデザインやアートが好きで、デザインワークに没頭するあまり寝食を忘れることもしばしば。

URL http://www.higher-ground.jp

装幀	新井大輔
本文デザイン・組版	クニメディア株式会社
編集	岡本晋吾

Illustrator しっかり入門 増補改訂 第3版 [Mac & Windows 対応]

2016年 6月10日　初版第1刷発行
2018年 3月23日　初版第6刷発行
2018年 9月30日　増補改訂 第2版第1刷発行
2024年 6月 6日　増補改訂 第2版第21刷発行
2025年 3月 3日　増補改訂 第3版第1刷発行

著者	高野 雅弘
発行者	出井 貴完
発行所	SBクリエイティブ株式会社
	〒105-0001　東京都港区虎ノ門2-2-1
印刷・製本	株式会社シナノ

落丁本、乱丁本は小社営業部にてお取り替えいたします。定価はカバーに記載されております。

Printed in Japan ISBN 978-4-8156-2428-6